FSC
www.fsc.org
MIX
Papier aus verantwortungsvollen Quellen
Paper from responsible sources
FSC® C105338

WERKERASSISTENZSYSTEME UND COBOTS IN DEN ISERLOHNER WERKSTÄTTEN: DOKUMENTATION UND EVALUATION

Impressum

Erscheinungsjahr: 2023
syndeum GmbH
Rüngsdorfer Str. 35
53173 Bonn
kontakt@syndeum.de
www.syndeum.de

Herstellung und Verlag: BoD – Books on Demand, Norderstedt

ISBN:978-3-7519-4428-1

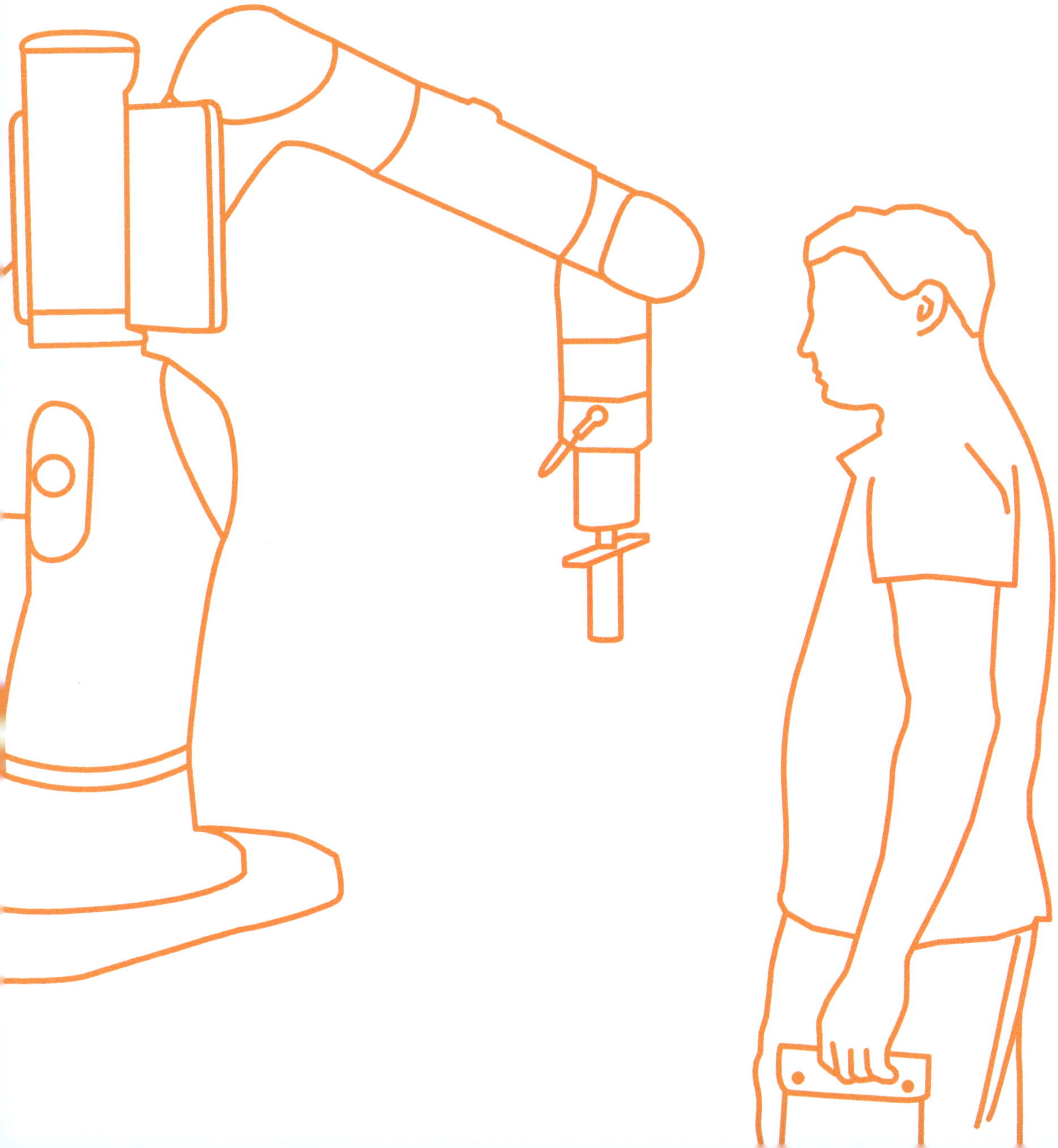

VORWORT

Die Corona-Pandemie hat auch die Iserlohner Werkstätten hart getroffen. Unsere klassische und sehr arbeitsteilige Herangehensweise an die Produktion war über Nacht durch Seuchenschutzgesetze obsolet. Neue Wege mussten gegangen werden und zum Glück hatten wir bereits in den Jahren vorher das Thema der Digitalisierung auf unsere Agenda gesetzt. Wir hatten zumindest eine Idee, wie Digitalisierung uns helfen könnte in der Krise zu bestehen und uns als Arbeitgeber für Menschen mit Behinderungen und als Unternehmen langfristig zu entwickeln. Es fehlten allein die Mittel, um die Möglichkeiten der Digitalisierung wirkmächtig zum Einsatz zu bringen. Der Aufruf der Stiftung Wohlfahrtspflege NRW „Zugänge erhalten – Digitalisierung stärken" eröffnete uns eine Möglichkeit der Finanzierung, die wir beherzt genutzt haben. Wir haben das klassische Pilotprojekt ausgelassen, bei dem man erste Erfahrungen sammelt. Stattdessen sind wir, letztendlich aus der Notlage heraus, unmittelbar zu einem flächendeckenden Einsatz digitaler Assistenzsysteme in der Produktion gekommen. Mit einer Investition von knapp einer Million Euro für fünfzehn Werkerassistenzsysteme und neun Roboter haben wir an allen fünf Standorten der Iserlohner Werkstätten neue Wege der Produktion aber auch der individuellen Assistenz eröffnet. An dieser Stelle abermals Dank an die Stiftung Wohlfahrtspflege NRW für das uns entgegengebrachte Vertrauen.

Der von uns eingeschlagene Weg führte uns zu Herausforderungen, aber die genutzten Chancen überwiegen deutlich. Unsere Möglichkeiten in der Fertigung haben sich durch den Einsatz der Systeme deutlich erweitert.

Menschen mit Behinderungen übernehmen spürbar mehr Verantwortung und erleben eine deutlich gestärkte Teilhabe am Arbeitsleben.

Einerseits durch die Bewältigung komplexerer Aufgaben und andererseits durch ein Mehr an Autonomie. Hatten wir anfangs noch gedacht, dass die Geräte unsere Produktion weiter standardisieren, erlebten wir im praktischen Einsatz das Gegenteil. Die digitalen Assistenzsysteme machen es uns möglich, Menschen mit Behinderungen sehr individuell nach ihren jeweiligen Bedürfnissen zu fördern und zu unterstützen.

Für uns ist dieses Projekt somit ein voller Erfolg, der mustergültig auch für andere Unternehmen aus dem Kreis der Werkstätten für behinderte Menschen, aber auch von Unternehmen des ersten Arbeitsmarktes ist. Die folgende Dokumentation und Evaluation haben das Ziel, unsere Erfahrungen transparent zu machen. Wir möchten zur Nachahmung anregen und den Transfer unserer Erfahrungen ermöglichen.

Martin Ossenberg
Geschäftsführer der Iserlohner Werkstätten

DANKSAGUNG

Dieses Projekt wäre ohne die großzügige Förderung der Stiftung Wohlfahrtspflege NRW nicht möglich gewesen. Sie hat die Voraussetzungen geschaffen, dass ein Projektteam, das im Kern aus Udo Becker, Rene Wenzel, Maike Franke und Elmar Schroeer bestand, in den Iserlohner Werkstätten diese innovative Technologieeinführung durchführen konnte. Ihnen standen bei der Firma Ulixes das Team um Anton Nagler und bei Rethink das Team von Donata Eder zur Seite. André Ludwig danken wir für die vielen Fotografien, die diesen Bericht wesentlich anschaulicher machen. Hanna Marie Stier war so freundlich die grafische Gestaltung dieses Buchs zu übernehmen, auch ihr gilt ein herzlicher Dank. Im Team der syndeum geht ein besonderer Dank an Nina Rehme für ihren fundierten Beitrag zur Auswertung der Befragungen und bei der Erstellung dieses Berichts. „Last but not least", geht ein ganz herzlicher Dank an Jonas Einck, der das Manuskript mit wachem Auge von Fehlern und Inkonsistenzen befreit hat.

INHALTSVERZEICHNIS

EINLEITUNG

Die Sozialwirtschaft steht vor einer Reihe von Herausforderungen. Sehr dringlich wahrgenommen werden die Auswirkungen des demographischen Wandels. Er führt dazu, dass die Nachfrage nach den Angeboten der Sozialwirtschaft steigt. Immer mehr Menschen werden alt und gebrechlich. Gleichzeitig gehen die zur Verfügung stehenden personellen Ressourcen dramatisch zurück. Neben den Rufen nach grundlegenden Reformen und einer Verbesserung der Arbeitsbedingungen in der Sozialwirtschaft gilt es nach Lösungen zu suchen.

Die Digitalisierung bietet Möglichkeiten, neue Wege zu gehen und Angebote zu schaffen, die Fachpersonal entlasten und zugleich ein attraktives Arbeitsumfeld für Fachpersonal und Mitarbeitende schaffen. Viele Unternehmen der Sozialwirtschaft fremdeln noch mit der Digitalisierung. Ihre Bedeutung mag erkannt werden, aber insbesondere angesichts mangelnder Refinanzierungsmöglichkeiten sind beherzte Vorgehensweisen rar gesät.

Die Iserlohner Werkstätten haben die Chancen der Digitalisierung früh erkannt und in Arbeitsgruppen den Einsatz unterschiedlichster Assistenzsysteme im Detail untersucht. Eine Reihe erster Projekte wurde aufgenommen. Doch auch hier wirkten sich mangelnde Möglichkeiten der Finanzierung hemmend aus. Ein wirkmächtiges Förderangebot der Stiftung Wohlfahrtspflege ermöglichte es schlussendlich, dass ein großer Schritt gemacht werden konnte.

Mit der Einführung von Werkerassistenzsystemen und kollaborativen Robotern an allen Standorten der Iserlohner Werkstätten haben sich das Arbeitsumfeld und die Arbeitsangebote in den Werkstätten nachhaltig verändert. Noch besteht ein Nebeneinander von klassischen und digital assistierten Arbeitsplätzen. Doch schon heute ist erkennbar, dass dem ersten Schritt weitere Schritte folgen werden und eine grundlegende Neudefinition von Arbeit im Wirkbereich der Iserlohner Werkstätten erfolgen wird.

Die hier vorgestellte Untersuchung soll es anderen Trägern leichter machen, den Weg der Digitalisierung nachhaltig einzuschlagen. Sie ist bewusst reich bebildert, um eine niederschwellige Auseinandersetzung zu ermöglichen. Gleichzeitig setzt sie sich detailliert mit den in den Werkstätten wahrgenommenen Effekten der Werkerassistenzsysteme und kollaborativen Roboter auseinander. Es soll erreicht werden, dass Unsicherheiten bei der Einführung von digitalen Assistenzsystemen abgebaut werden.

AUSGANGS-
LAGE

01

1.1 DIE ISERLOHNER WERKSTÄTTEN

Die Iserlohner Werkstätten gGmbH ist eine Unternehmung der Diakonie Mark-Ruhr. Sie bietet an fünf Standorten über 1.000 anerkannte Arbeits- und Ausbildungsplätze für Menschen mit körperlichen und geistigen Behinderungen sowie psychischen Erkrankungen. Hinzu kommen zahlreiche Außenarbeitsplätze in heimischen Unternehmen. Neben den Menschen mit Behinderungen sind die Iserlohner Werkstätten ein attraktiver Arbeitgeber für 300 tariflich angestellte Mitarbeiter:innen. Das Leistungsspektrum für externe Kund:innen in der Region umfasst u.a. Elektro- sowie Industriemontage, Büroservice/Werbemittellogistik und Wäschereidienstleistungen. Sie sind sowohl regional als auch überregional als kompetenter Partner bekannt und verbinden Inklusion und Teilhabe am Arbeitsleben mit den Ansprüchen ihrer Wirtschaftspartner:innen. Die Iserlohner Werkstätten haben es sich zum Ziel gemacht, allen ihren Mitarbeitenden ein abwechslungsreiches, interessantes und breit gefächertes Qualifizierungs- und Arbeitsangebot anzubieten. Mit ihrem Slogan „Arbeit. Leben. Qualität." bringen die Iserlohner Werkstätten den Teilhabe- und Inklusionsanspruch von Menschen mit Behinderungen win allen Lebensbereichen zum Ausdruck und sind seit mehr als fünf Jahrzehnten an der Realisierung einer inklusiven Gesellschaft beteiligt.

Abbildung 1: K38, Sitz der Iserlohner Werkstätten

1.2 DIGITALISIERUNG ALS MITTEL ZUR ÜBERWINDUNG DER CORONAKRISE 2020/21

Die Digitalisierung ist für die Iserlohner Werkstätten kein Neuland. Im administrativen Bereich wird bereits verstärkt digital gearbeitet. Der Produktions- und Arbeitsbereich hingegen ist noch recht traditionell und bis auf wenige Ausnahmen nicht mit automatisierten und digitalisierten Montage- und Verpackungsarbeitsplätzen ausgestattet. Die Produktionsprozesse organisieren sich, wie sehr oft in Werkstätten für behinderte Menschen, vorwiegend arbeitsteilig, sodass in der Fertigung meist nur einige wenige Arbeitsschritte von der gleichen Person erledigt werden. Bauteile werden im Fertigungsprozess innerhalb einer Arbeitsreihe von Arbeitsplatz zu Arbeitsplatz weitergereicht und dort von einer:m anderen Mitarbeitenden bearbeitet, um den jeweils folgenden Fertigungsschritt zu erzielen. Begleitet wird dieser Prozess durch Fachkräfte für Arbeits- und Berufsförderung (FAB). Sie überblicken und organisieren den gesamten Produktionsprozess und geben Hinweise zur richtigen Umsetzung des jeweiligen Arbeitsschrittes. Die Fachkräfte für Arbeits- und Berufsförderung müssen gleichermaßen die Kund:innenanforderungen sowie die Bedürfnisse der Mitarbeitenden beachten. Sie achten auf die korrekte Produktion und übernehmen gleichzeitig soziale und zwischenmenschliche Aufgaben (vgl. Fraunhofer IPA 2017: https://www.ipa.fraunhofer.de).

Bei diesen Ablaufprozessen besteht immer die Herausforderung, allen Mitarbeitenden eine vergleichbare Qualität des Arbeitsangebots zu ermöglichen, unabhängig von der vorherrschenden Behinderung. Dabei wird an den Grundsatz der Chancengleichheit angeknüpft, der sich darüber hinaus auch auf die Ausstattung von Werkstattarbeitsplätzen analog zu den Bedingungen des allgemeinen Arbeitsplatzes bezieht. Hilfsmittel, die die Arbeit für unterschiedliche Personen ausführbar machen, werden vor Ort im Vorrichtungsbau gefertigt. Allerdings beschränkten sich die Hilfsmittel fast immer auf analoge Einheiten. Digitale Hilfsmittel, die auch auf dem allgemeinen Arbeitsmarkt verwendet werden, waren vor Projektbeginn noch nicht im Arbeitsalltag integriert. Ebenfalls konnten motorische Schwierigkeiten, auch unter ergonomischen Aspekten, nur schwer ausgeglichen werden. Zusätzlich erfordern einige Arbeits- und Produktionsschritte in Kombination mit den Mitarbeitenden einen ständigen Coworker, der oft durch Fachkräfte für Arbeits- und Berufsförderung gestellt wird. Dessen Personalkapazität wird dabei an einen einzelnen Arbeitsschritt gebunden. In Zeiten von Corona konnten hier der Abstand und die Hygieneregeln nur schwer eingehalten werden.

Der intensive Einsatz von begleitenden Personalressourcen birgt zudem auch die Herausforderung der Personalplanung in Krankheits- und Urlaubsfällen und die Gefahr des dadurch auftretenden Personalausfalls, der in Konsequenz Menschen mit Behinderungen von einer Teilhabe am Arbeitsprozess ausschließt.

Neben den „alltäglichen Herausforderungen" ergaben sich zusätzliche Probleme im Zuge der Corona-Beschränkungen sowie durch den Erlass zum Betretungsverbot in NRW vom 18. März 2020. Mitarbeitenden mit Behinderungen war es nicht mehr erlaubt, ihren Arbeitsplatz aufzusuchen. Aufgrund der Weiterreichung von Produktionsmaterialien bestand eine Ansteckungsgefahr. Erreger konnten auf den Oberflächen der Teilprodukte von einer:m Mitarbeitenden zur:m anderen wandern. Zusätzlich saßen Mitarbeitende vor der COVID-19-Pandemie in Arbeitsreihen nah aneinander, um die Weitergabe von Bauteilen effizient zu gestalten. Auch dies war unter den geltenden Hygienevorgaben nicht mehr möglich. Zudem konnten auch die Fachkräfte aufgrund der Abstandsregeln Mitarbeitende nicht mehr unterstützen. Folglich wurde die bis dahin praktizierte Fertigungsweise im Rahmen der COVID-19-Pandemie unmöglich. Infolgedessen kam es zu Ausfällen bei der Beschäftigung von Menschen mit Behinderungen und folglich auch zu Produktionsausfällen. Einige der externen Kund:innen zogen, auch aufgrund ihrer eigenen wirtschaftlichen Situation, Aufträge stark bis komplett zurück.

Um eine Produktion auch unter Vorgaben der Corona-bedingten Schutzmaßnahmen zu ermöglichen, musste der Produktionsprozess individualisiert werden. Unmittelbarer oder mittelbarer Kontakt zwischen Personen war zu vermeiden. Menschen mit Beeinträchtigung mussten befähigt werden, eigenständig komplexe Fertigungsprozesse durchzuführen. Zugleich bestand die Herausforderung, die Wirtschaftlichkeit der Produktion in den Werkstätten und damit auch die Sicherung der Entgeltzahlung der Menschen mit Behinderungen aufrechtzuerhalten.

Es ist daher erstrebenswert technische Unterstützung unmittelbar am Arbeitsplatz einzusetzen, damit Menschen mit Behinderungen unabhängiger und selbstständiger arbeiten können, aber auch um erstmalig Arbeitsschritte durchzuführen, die ohne technische Assistenz aus motorischer, kognitiver oder produktiv-wirtschaftlicher Sicht vorher nicht möglich waren.

Um diese Ziele zu erreichen, bewarben sich die Iserlohner Werkstätten mit ihrer Projektidee beim Aufruf der Stiftung Wohlfahrtspflege im Rahmen des Sonderprogramms „Zugänge erhalten – Digitalisierung stärken".

1.3 DER AUFRUF DER STIFTUNG WOHLFAHRTSPFLEGE, IM RAHMEN DES SONDERPROGRAMMS „ZUGÄNGE ERHALTEN – DIGITALISIERUNG STÄRKEN"

Die Stiftung Wohlfahrtspflege NRW ist eine rechtsfähige Stiftung des öffentlichen Rechts und eine wichtige Finanzierungsquelle für die Freie Wohlfahrtspflege und Gestalter im gemeinnützigen sozialen Sektor in Nordrhein-Westfalen. Im Durchschnitt werden pro Jahr durch die Stiftung Wohlfahrtspflege ca. 150 Projekte bezuschusst. Das Sonderprogramm der Stiftung „Zugänge erhalten – Digitalisierung stärken" ermöglichte es von Mai bis November 2021 Anträge einzureichen, die helfen sollten, die Auswirkungen der Corona Pandemie auf die Angebote der Sozialwirtschaft abzufedern. Die Corona-bedingten Schutzmaßnahmen bedeuteten substanzielle Veränderungen für die Dienste und Einrichtungen der Freien Wohlfahrtspflege in Nordrhein-Westfalen. Durch die Kontaktbeschränkungen wurden gewohnte und etablierte Angebote wie Gruppentreffen, Freizeitangebote, ambulante Betreuungs-, Entlastungs-, Beratungs- und Unterstützungsangebote stark eingeschränkt. Da sich diese Dienstleistungen in den meisten Arbeitsfeldern an unterstützungs- und hilfsbedürftige und/oder sozial benachteiligte Personen richten, wurden gerade diese Personengruppen von den Schutzmaßnahmen besonders hart getroffen: Kinder und Jugendliche konnten nicht gefördert, ältere Menschen, kranke Menschen und Menschen mit Behinderung nicht besucht und nicht begleitet werden. Folglich wurde deutlich, dass neue, digitale Wege geschaffen werden müssen, um diese Personengruppen in der Pandemie weiterhin zu erreichen. Hier setzte das Sonderprogramm der freien Wohlfahrtspflege in Nordrhein-Westfalen an.

Ziel des Förderaufrufs war es, die Träger der Freien Wohlfahrtspflege, über die Folgen der Krisensituationen hinaus, in die Lage zu versetzen, die Chancen der Digitalisierung stärker als bisher zu nutzen und in ihre Arbeit zu integrieren. Dies bezieht sich sowohl auf Arbeitsabläufe innerhalb ihrer Organisationen als auch auf die Arbeit mit den Zielgruppen, ihre Angebote und Dienstleistungen.

Damit soll ein wichtiger Impuls für eine nachhaltige Erhöhung der Krisenresilienz und Zukunftsfähigkeit der Organisationen der Freien Wohlfahrtspflege in Nordrhein-Westfalen geleistet werden.

Die Iserlohner Werkstätten hatten sich mit jeweils zwei Anträgen für fünf Standorte bei der Stiftung Wohlfahrtspflege NRW um eine Förderung im Rahmen des Sonderprogramms „Zugänge erhalten – Digitalisierung stärken" beworben. Sie erhielten Mittel von ca. 900.000 Euro und konnten so, fünfzehn Werkerassistenzsysteme und neun kollaborative Roboter anschaffen.

VORSTELLUNG DER DIGITALEN ASSISTENZ-SYSTEME

02

2.1 WERKERASSISTENZSYSTEME

Ein projektionsgestütztes Werkerassistenzsystem führt Mitarbeitende Schritt für Schritt durch den Montageprozess. Das System zeigt den Mitarbeitenden durch digitale Arbeitsanweisungen, welches Bauteil als Nächstes montiert werden muss, wo diese es entnehmen können und wie das Bauteil zu montieren ist. Das digitale Assistenzsystem unterstützt Mitarbeitende somit bei der Ausführung ihrer Tätigkeiten insbesondere sensorisch und kognitiv. Eingesetzt wird das Assistenzsystem branchenübergreifend in der Logistik sowie in der industriellen Produktion zur manuellen Montage, Demontage und Maschineneinrichtung (Apt et al., 2018).

Es bestehen verschiedene Anbieter:innen von projektionsgestützten Montageassistenzsystemen. Im vorliegenden Projekt wurde das Pick-by-Light System der Firma Ulixes gewählt. Die Produktentscheidung wurde durch eine Projektgruppe gefällt, die sich unterschiedliche Werkerassistenzsysteme angeschaut hatte und im Unternehmen Ulixes einen Partner erkannte, der bewusst den Einsatz dieser Systeme im Umfeld von Werkstätten für behinderte Menschen anstrebt.

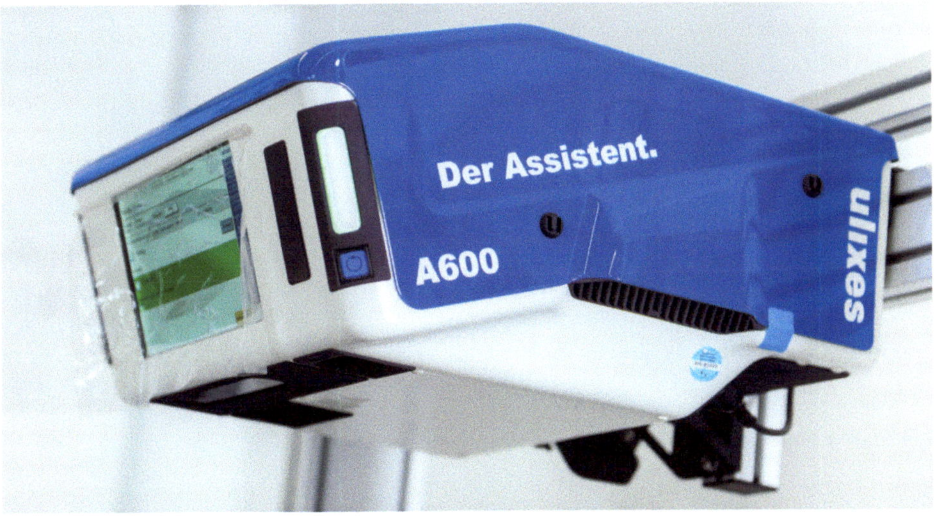

Abbildung 2: : Das A600 Werkerassistenzsystem von Ulixes

Das Assistenzsystem ist tutoriell eingestellt, sodass Arbeitsabläufe am Arbeitsplatz beschrieben und visualisiert werden durch Text- und Bildinhalte sowie Animationen und Videosequenzen. Das Assistenzsystem projiziert Arbeitsanweisungen und Montageinformationen in den Sichtbereich des:r Mitarbeitenden. Mithilfe der Pick-by-Light-Funktionen wird der:m Mitarbeitenden mit einem Lichtsignal angezeigt, welches Bauteil für den nächsten Montageschritt benötigt wird. Anhand von Markierungs- und Positionierungsdarstellungen mittels Text-, Bild- und Videoinhalten wird den Mitarbeitenden gezeigt, wie das Bauteil schrittweise montiert werden muss. Sensoren überwachen die ausgeführten Tätigkeiten der Mitarbeitenden. Bei der Entnahme von falschen Teilen oder Ausführung einer falschen Montagetätigkeit wird dies vom System unmittelbar signalisiert und es kann nicht weitergearbeitet werden. Der Montageprozess kann erst nach der Korrektur des Baufehlers fortgesetzt werden.

Abbildung 3: Projektion des A600 Werkerassistenzsystems von Ulixes.

Ziel beim Einsatz von Werkerassistenzsystemen ist erstens die Reduzierung von Anlernzeiten durch die digitale Montageanleitung, insbesondere bei komplizierten und komplexen Arbeitsschritten. Zweitens sollen Montagefehler vermieden werden. Mithilfe des Pick-by-Light Systems können Verwechslungen von Bauteilen, die ähnlich aussehen, eliminiert werden. Auch entscheidende Qualitätsprozesse, wie das Anziehen der Schrauben oder das Einhalten der Aushärtungszeit eines Klebstoffes werden eingehalten. Folglich wird die Arbeitsproduktivität gesteigert und die Unsicherheit der Mitarbeitenden reduziert.

Der Arbeitsplatz kann individuell mit Hilfe einer Bildverarbeitungssoftware auf die ergonomisch optimale Arbeitshöhe und Greifweite von Mitarbeitenden für die Materialebene und Werkzeugbereitstellung eingestellt werden. Die Bedienung des Systems erfolgt mithilfe von Sprache, Gestik und Berührung. Das Werkerassistenzsystem ist an einem festen Platz installiert und ist nicht flexibel mobil verschiebbar. Montagepläne werden über eine grafikbasierte Software erstellt und bearbeitet, welche in Echtzeit am Arbeitsplatz dargestellt werden (Apt et al., 2018).

Das Inklusionspotenzial des Systems wird als hoch eingeschätzt, da es sowohl sprachliche als auch körperliche Defizite kompensiert.

Abbildung 4: Der A600 von Ulixes im Einsatz.

2.2 COBOTS – MENSCH-ROBOTER-KOLLABORATION

Kollaborative Roboter, sogenannte „Cobots“ sind Industrieroboter, die zusammen mit dem Menschen arbeiten. Kollaborierende Roboter sind so konstruiert, dass sie in einem gemeinsamen Arbeitsumfeld ohne Schutzraum mit dem Menschen zusammenarbeiten können. Der Roboter ist dabei ein vielseitig einsetzbares automatisches Assistenzsystem (Apt et al., 2018). In erster Linie bezieht sich das Interesse auf die physische und ergonomische Unterstützung der Mitarbeitenden.

Der Roboter ist branchenübergreifend in der Produktion bei Montage, Prüf- und Fertigungsaufgaben einsetzbar. Diese Aufgaben in der Produktion sind insbesondere von einfachen, repetitiven und feinmotorisch anspruchsvollen Montagetätigkeiten geprägt (Kremer & Hermann, 2020).

Da der Roboter über eine Gelenkmomentensensorik verfügt, wird eine Automatisierung feinfühliger Montageaufgaben ermöglicht. Der Roboter wird „zur dritten Hand“ des Menschen und ist wie ein Arbeitskollege, der zuarbeitet und situationsgerecht reagiert (Apt et al., 2018). Der Roboter unterstützt somit bei einfachen Montage- und Sortieraufgaben, wie dem Entnehmen und Einlegen von Teilen und beim dosierten Aufbringen von z.B. Kleber. Dabei bestehen hohe Ansprüche an die Genauigkeit und Qualität bei der Ausführung der Tätigkeit. Auch während der Fertigung bei Aufgaben mit höherem Krafteinsatz, Arbeiten mit ergonomisch ungünstigen Bewegungsabfolgen oder Gefährdungspotenzial unterstützt der Cobot (Kremer & Hermann, 2020; Rusch et al., 2020).

In der Regel muss eine Robotik-Anwendung auf ein bestimmtes Produkt genau angepasst werden. Daher ist es erforderlich, dass ein Produkt lange, kontinuierlich und in hoher Stückzahl im Unternehmen bearbeitet wird, damit die Entwicklungs- und Anlaufzeit des Cobots aus wirtschaftlicher Perspektive gewährleistet ist.

Nutzt man einen Cobot für die Unterstützung eines Menschen mit Behinderungen, bedarf es neben der Anpassung des Cobots an das Produkt auch einer Anpassung an die individuellen Bedarfe der Person, die mit dem Cobot arbeitet. Dies ist ein wesentlicher Unterschied zur Nutzung von Cobots in der industriellen Fertigung, in der ein vergleichbares Repertoire an Fähigkeiten bei allen Menschen, die mit dem Gerät arbeiten, vorausgesetzt wird.

Da der Roboter intelligent agiert, kann dieser jederzeit ohne Kraftaufwand oder Verletzungsgefahr berührt, weggedrückt oder festgehalten werden.

Der:die Mitarbeitende kann folglich den Bewegungsablauf des Greifarms jederzeit unterbrechen (Apt et al., 2018).Der Roboter kann verschoben werden und ist somit an verschiedenen Orten der Produktionskette flexibel einsetzbar.

Das Inklusionspotenzial des Systems wird als hoch eingeschätzt, da es Menschen mit nachlassenden physischen Kräften unterstützt (Apt et al., 2018). Mitarbeitende unterschiedlicher Leistungsfähigkeiten sowie mit unterschiedlichen Behinderungsarten werden befähigt, verschiedene Montageaufgaben zu übernehmen, sodass mehr Mitarbeitende anspruchsvollere Aufgaben in der Produktion bearbeiten. Infolgedessen ist das aufgabenbezogene Einsatzspektrum der Mitarbeitenden erweitert und Fachkräfte müssen bei Produktionsengpässen weniger einspringen, um dennoch die notwendigen Stückzahlen zu erreichen. Ebenso ist es Ziel, den Arbeitsplatz partizipativ mit den Mitarbeitenden zusammen einzuführen (Kremer & Hermann, 2020).

Vordergründig werden Mensch-Roboter-Kollaborationen zur ergonomischen Unterstützung der Mitarbeiter:innen eingesetzt sowie zur Aufwertung der Produktion durch den Einsatz des Cobots. Denn die meisten einfachen Tätigkeiten sind von einer hohen Gleichförmigkeit und Wiederholungsrate in der Produktion geprägt und können zu gesundheitlichen Belastungen bei den Mitarbeitenden führen. Durch behinderungsbedingte körperliche Einschränkungen kann das Belastungsrisiko ggf. verstärkt werden. Daher bieten die ergonomischen Merkmale des Roboters starke Vorteile (Kremer & Hermann, 2020).

Für das Projekt wurde vom Projektteam der Assistenzroboter Sawyer der Marke Rethink Robotics ausgewählt. Gesteuert wird der Sawyer mithilfe des Betriebssystems Intera 5, welches speziell für Sawyer entwickelt wurde. Der Anbieter verspricht eine einfache Bedienbarkeit durch eine node-basierte Programmierung ohne benötigte komplexe IT-Kenntnisse. Die Programmierung von Sawyer erfolgt mit den beiden Navigatoren am Roboter, auf einem externen PC in der Web-Oberfläche InteraStudio oder im Software Development Kit (SDK) auf Basis von ROS. Das Teachen von Positionen erfolgt über den schwerelosen Modus oder in InteraStudio. Der Roboter Sawyer kann demnach schnell umprogrammiert werden und ist für verschiedene Aufgaben einsetzbar.

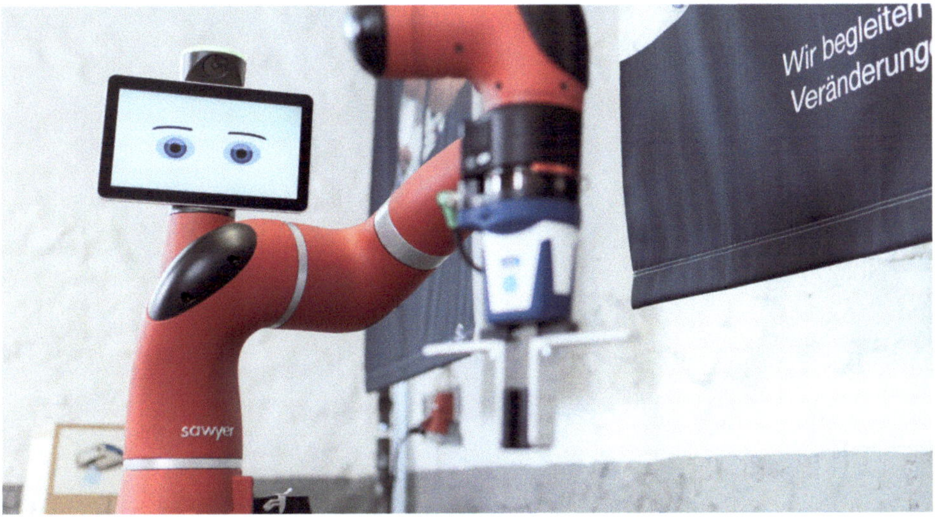

Abbildung 5: Der Assistenzroboter Sawyer.

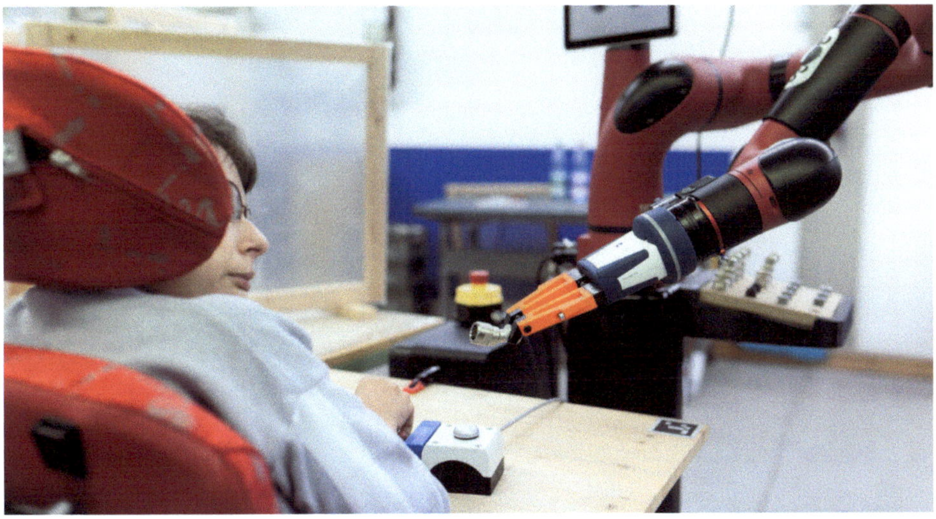

Abbildung 6: Der Sawyer im Einsatz mit Menschen.

ZIEL-
SETZUNGEN

03

Auf Basis der dargestellten Ausgangslage wurden für das Projekt folgende Ziele formuliert:

ZIEL 1: FÖRDERUNG DER TEILHABE VON MENSCHEN MIT BEHINDERUNG UND STÄRKUNG DER PERSÖNLICHKEITSENTWICKLUNG

Mittels der digitalen Assistenzsysteme sollen Arbeitsabläufe zum Nutzen der Menschen mit Beeinträchtigungen in den Iserlohner Werkstätten verbessert werden. Durch die Unterstützung der digitalen Tools sollen Menschen mit Behinderung befähigt werden, im Fertigungsprozess den erlebten Kompetenzrahmen zu steigern und mehr Verantwortung zu übernehmen. Die Durchführung von selbstständigen Arbeiten ohne Unterstützung der Fachkraft sowie das Angebot von neuen Herausforderungen fördern die Selbstständigkeit und Problemlösekompetenz der Mitarbeitenden. Die Erweiterung des Aufgabenspektrums durch die digitalen Tools wirkt sich kompetenz- und persönlichkeitsfördernd aus und erzeugt positive Auswirkungen auf das Selbstbewusstsein. Die technischen Assistenzsysteme sollen somit zu einem erfüllenden Arbeitsumfeld beitragen, das sich begünstigend auf den Erhalt von körperlichen und geistigen Leistungsfähigkeiten auswirkt. Zuletzt sollen die digitalen Assistenzsysteme einen positiven Effekt für die Arbeitsmotivation und -zufriedenheit herbeiführen. Durch die implizite Persönlichkeitsentwicklung wird Teilhabe gefördert.

ZIEL 2: FÖRDERUNG DER TEILHABE VON MENSCHEN MIT BEHINDERUNG DURCH DIE BEFÄHIGUNG ZUM SELBSTSTÄNDIGEN HANDELN AUF DEM ERSTEN ARBEITSMARKT

Voraussetzung für Teilhabe an der Arbeit ist der Zugang zu Technologien und die Fähigkeit, mit diesen umzugehen (vgl. Haage & Bosse 2020; Pelka, 2017). Mithilfe von digitalen Assistenzsystemen sollen arbeitsprozessrelevante sensorische, kognitive und/oder physische Fähigkeiten unterstützt und individuelle, tätigkeitsbezogene Defizite kompensiert werden. Es sollen motorische und kognitive Einschränkungen der Mitarbeitenden mit Beeinträchtigungen ausgeglichen und die selbstständige Arbeit an unterschiedlichen Bauteilen ermöglicht werden, losgelöst von der Unterstützung der Fachkraft für Arbeits- und Berufsförderung. Damit wird an die Chancengleichheit angeknüpft und jedem Menschen individuelle Förderung ermöglicht. Während das Werkerassistenzsystem uneingeschränkt die Erweiterung der Teilhabe für alle Mitarbeitenden der Iserlohner Werkstätten fördert, stärkt der Roboter Saywer insbesondere die Teilhabe von Menschen mit physischen und motorischen Einschränkungen.

Durch die Unterstützung der digitalen Assistenzsysteme sollen Menschen mit Behinderungen in betriebsintegrierte Außenarbeitsplätze, begleitende Praktika oder Beschäftigungen auf dem allgemeinen Arbeitsmarkt hinwirken. Um Teilhabe zu ermöglichen, soll eine Vermittlung auf den ersten Arbeitsmarkt mithilfe der digitalen Assistenzsysteme stattfinden.

ZIEL 3: STEIGERUNG DER RESILIENZ GEGENÜBER DER CORONA-PANDEMIE UND SICHERUNG VON TEILHABE DURCH DIGITALISIERUNG

Die Iserlohner Werkstätten müssen durch Arbeitsaufträge für die allgemeine Wirtschaft Wirtschaftlichkeit erzielen, um die Auszahlung der Entgelte an die Mitarbeitenden sicherzustellen (Richter, 2019).

Während der Corona-Pandemie waren aufgrund der pandemiebedingten Interventionsmaßnahmen Teile der Produktion eingeschränkt, sodass Arbeitsergebnisse nicht erzielt werden konnten und die Auszahlung der Entgelte gefährdet war.

Mithilfe der beiden digitalen Assistenzsysteme können arbeitsteilige Produktionsprozesse zu Einzelarbeitsplätzen umfunktioniert werden. Im Zuge dessen kann ein:e Mitarbeitende:r eigenständig an der Montage eines Bauteils arbeiten, das bis dahin den Einsatz von mehreren Personen erforderte. Mitarbeitende können somit innerhalb der Werkstätten voneinander getrennt arbeiten und einen Abstand voneinander halten. Eine Infektionsgefahr kann somit weitestgehend ausgeschlossen werden. Unter den Vorgaben der Pandemiebekämpfung kann eine Fertigung der Produktionsteile aufrechterhalten werden.

Bei erneut aufkommendem Personalmangel könnte der Roboter Saywer zeitweise ebenfalls bedingte Produktionsausfälle ausgleichen und die Produktion aufrechterhalten. Der Produktionsbetrieb wird gehalten und es kann sichergestellt werden, dass Entgelte weiterhin und in gewohnter Höhe ausgezahlt werden.

Abbildung 7: Mensch und Roboter.

ZIEL 4: MODERNISIERUNG DER WERKSTÄTTEN FÜR MENSCHEN MIT BEHINDERUNG

Werkstätten für behinderte Menschen stehen strukturell in der Kritik. Die Ausgrenzung vom ersten Arbeitsmarkt durch die gesonderte Positionierung der Werkstätten, eine Vergütung unter dem Mindestlohn für Menschen mit Behinderungen sowie ein fehlendes Streikrecht in den Werkstätten markieren einige Aspekte der Kritik. Die niedrige Vermittlungsquote an den ersten Arbeitsmarkt und die zeitgleiche Befreiung der Kund:innen der Werkstätten von gesetzlichen Auflagen zur Beschäftigung von Menschen mit Behinderungen sind weitere Kritikpunkte.

Der Sozialausschuss der Europäischen Union wirkt seit 2021 mit der „Festlegung eines allgemeinen Rahmens für die Verwirklichung der Gleichbehandlung in Beschäftigung und Beruf unter Berücksichtigung der UN-BRK“ faktisch auf eine langfristige Auflösung von Werkstätten für Menschen mit Behinderung in ihrer heutigen Form hin (vgl. Legislative Observatory, European Parliament 2022: https://oeil.secure.europarl.europa.eu/).

Der Einsatz zeitgemäßer Assistenzmittel kann ein erster Schritt auf dem Weg der Erneuerung sein. Zumal dann, wenn Werkerassistenzsysteme und Cobots als individuelle Unterstützung genutzt werden. Dies führt zumindest gedanklich zu der Möglichkeit, dass der individuell assistierte Arbeitsplatz auch in einer Produktionshalle am ersten Arbeitsmarkt stehen könnte und die heutigen Werkstätten zukünftig zu Integrationsbegleiter:innen werden, die die Menschen an diesen Arbeitsplätzen entsprechend ihrer individuellen Bedarfe unterstützen.

Zudem lassen sich unmittelbare Vorteile für die Werkstätten erkennen. Sie bieten mit digitalen Assistenzsystemen interessantere Arbeitsbedingungen für Mitarbeitende mit Behinderungen, die im Zuge der Umsetzung des Bundesteilhabegesetzes verstärkt selbst entscheiden können, wo sie ein Arbeitsangebot wahrnehmen wollen. Zugleich werden bei einem herrschenden Fachkräftemangel die Werkstätten attraktiver für Arbeitnehmer:innen, die mit Menschen mit Behinderungen arbeiten wollen. Auch ihnen bietet sich dadurch ein interessanteres und vielseitigeres Arbeitsumfeld. Zudem ergeben sich für die Auftraggeber:innen der Werkstätten neue Möglichkeiten durch die Digitalisierung, da fortan Aufträge erteilt werden können, die in den traditionellen Arbeitsabläufen einer Werkstatt für Menschen mit Behinderung kaum abzubilden wären.

PROJEKT-VERLAUF

04

Die Iserlohner Werkstätten haben bereits ein Jahr vor dem Förderaufruf der Stiftung Wohlfahrtspflege die Chancen und Möglichkeiten der Digitalisierung untersucht. Das Projekt DiTec (Digitalisierung und Technologie in den Iserlohner Werkstätten) beschäftigte sich mit verschiedenen Digitalisierungsthemen. Im Zuge dessen wurde eine Arbeitsgruppe gegründet, die erstens die Systematik eines Cobots betrachtete und zweitens sich mit unterschiedlichen Pick-by-Light Systemen auseinandersetzte. Im Rahmen der Arbeitsgruppe wurde erörtert, für welche Arbeiten oder Personengruppen die Unterstützung des Cobots und der Pick-by-Light Systeme für sinnvoll zu erachten sind. Dabei analysierte diese eine Vielzahl möglicher Anwendungsfälle in den Werkstätten. Zudem wurde der Markt hinsichtlich möglicher Angebote beobachtet und es wurden Informationen über mögliche Anbieter:innen eingeholt. Dabei wurden als geeignete Geräte der Cobot „Sawyer" von Rethink sowie das Pick-by-Light System der Firma Ulixes identifiziert.

Damit war bereits vor der Corona-Pandemie eine wesentliche Vorarbeit geleistet worden, die eine Antragstellung bei der Stiftung Wohlfahrtspflege ermöglichte. Die Antragstellung erfolgte im August 2020 und der Projektstart erfolgte nach der Förderungsbewilligung im Januar 2021. Das Projekt gliederte sich in sechs Meilensteine und erstreckte sich über einen Zeitraum von sechs Monaten (s. folgende Abbildung)

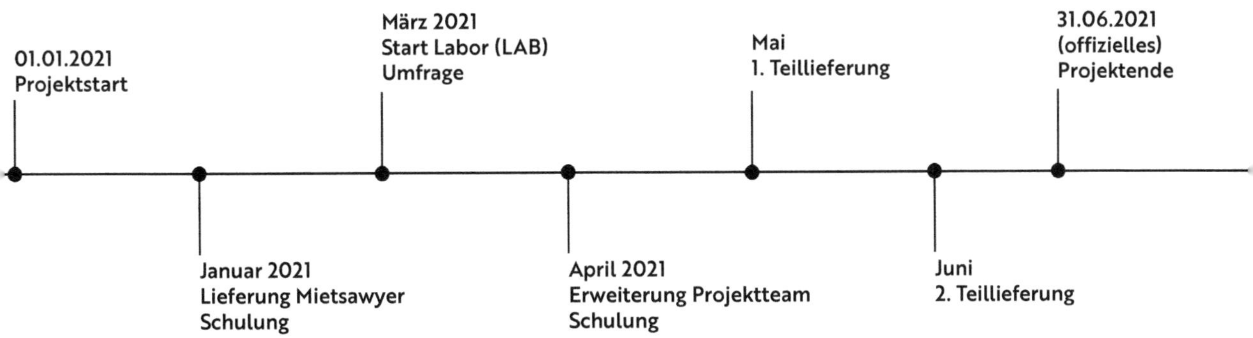

Abbildung 8: Projektverlauf.

4.1 PROJEKTSTART

Das Projekt begann am 01.01.2021 mit der Beauftragung der Hersteller der Sawyer und Pick-by-Light Systeme. Unmittelbar wurden Leihgeräte bezogen, um trotz knapper Projektlaufzeit eine Einarbeitung in den Umgang mit den Geräten zu ermöglichen sowie die Mitarbeitenden in den Werkstätten an die Geräte heranzuführen. Ursprünglich war eine „road-show" durch die Einrichtungen geplant, um die Geräte den Mitarbeitenden und Fachkräften in ihrem unmittelbaren Arbeitsumfeld vorzustellen. Doch aufgrund des als sehr aufwendig wahrgenommenen Transports der Geräte entschied man sich alternativ ein Lab am Verwaltungssitz der Iserlohner Werkstätten einzurichten.

4.2 AUFBAU DES LABS

Im Rahmen der Einführung von Assistenzrobotern und Pick-by-Light Systemen wurde im März 2021 vorbereitend ein Lab mit den folgenden Zielen eingerichtet:

1. Mitarbeitende und Fachkräfte der Iserlohner Werkstätten Gelegenheit geben, die Geräte vor ihrem Einsatz im Regelbetrieb anzuschauen und auszuprobieren.Damit sollte der Akzeptanz der neuen Technologien Vorschub geleistet sowie eine frühzeitige Möglichkeit gegeben werden, Ängste und Sorgen hinsichtlich der neuen Geräte zu artikulieren.

2. Programmierung erster Anwendungsfälle und Kompetenzaufbau für die langfristige Nutzung der Geräte in den Werkstätten.

3. Öffentlichkeitsarbeit für das Projekt.

Durch die Einrichtung des Labs sammelten Mitarbeitende und Fachkräfte erste Eindrücke zu beiden digitalen Assistenzsystemen. Im Dialog brachten Mitarbeitende und Fachkräfte Sorgen und Ängste zum Ausdruck und diskutierten mögliche spätere Anwendungsfälle.
Durch die Einrichtung des Labs sammelten Mitarbeitende und Fachkräfte erste Eindrücke zu beiden digitalen Assistenzsystemen. Im Dialog brachten Mitarbeitende und Fachkräfte Sorgen und Ängste zum Ausdruck und diskutierten mögliche spätere Anwendungsfälle.

Im Anschluss an die Besuche im Lab wurde eine strukturierte, anonyme Befragung der Fachkräfte und Mitarbeitenden mittels eines Fragebogens durchgeführt. Ausgangspunkt der Datenerhebung bildete die Frage, wie Mitarbeitende und Fachkräfte zur Einführung des Werkerassistenzsystems und des Roboters Saywer stehen. Diese Ergebnisse werden in Kapitel 5 dargestellt.

Die Vorbefragung verfolgte das Ziel,

- die erwarteten Vorteile und Schwierigkeiten durch die Nutzung der beiden digitalen Assistenzsysteme zu erfassen,
- sinnvolle Anwendungsbereiche der Geräte im Arbeitsalltag zu ermitteln,
- ein Stimmungsbild zur Einführung zu erheben und
- das Interesse zur Mitwirkung abzufragen.

Abbildung 9: Mitarbeitender im Lab.

4.3 EINRICHTUNG DER WERKERASSISTENZSYSTEME UND DER KOLLABORATIVEN ROBOTER

Die kollaborativen Roboter der Marke Saywer und die Werkerassistenzsysteme der Firma Ulixes sind vergleichsweise einfach einzurichten. Die folgenden Bildserien verdeutlichen, dass der Aufbau auch von zwei Personen mit wenig technischem Verständnis geleistet werden kann.

Abbildung 10: Fragenbögen und Sammelurne.

Abbildung 11: Der Ulixes wird ausgepackt.

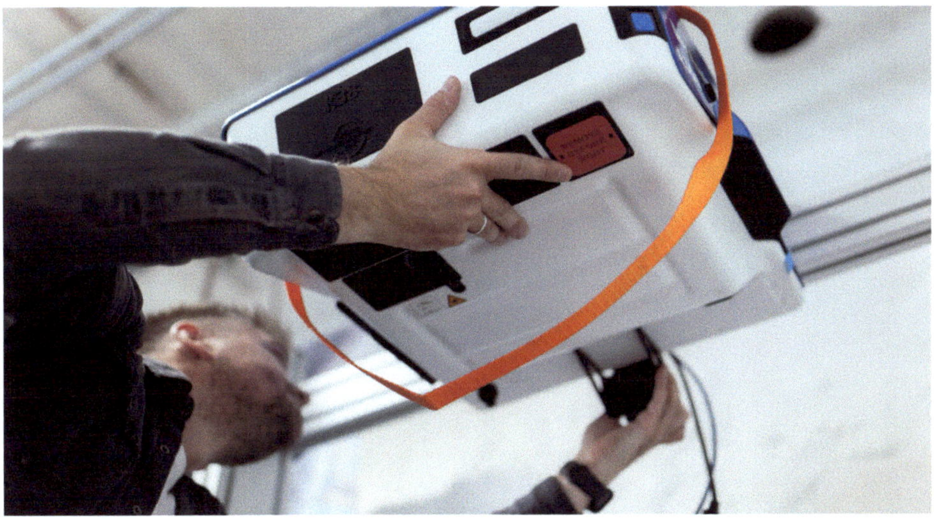

Abbildung 12: Installation des Ulixes.

Abbildung 13: Ergänzung des Monitors.

Abbildung 14: Nach nur wenigen Arbeitsschritten kann das Gerät eingeschaltet werden.

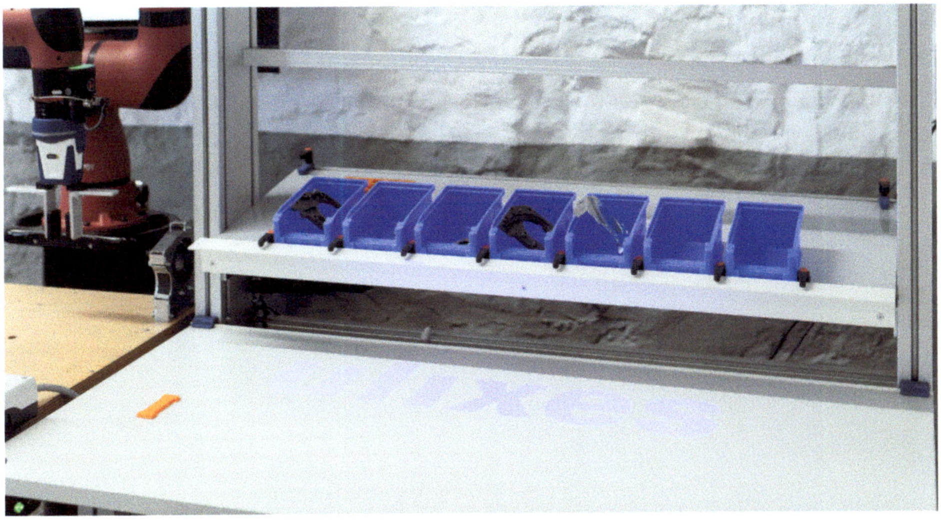

Abbildung 15: Der Ulixes Arbeitsplatz in den Iserlohner Werkstätten.

Die fünfzehn Ulixes Geräte wurden auf fünf Standorte der Iserlohner Werkstätten aufgeteilt.

Zur Eingewöhnung und Akzeptanzgewinnung der Mitarbeitenden wurden die Cobots sowie die Pick-by-Light Systeme am jeweiligen Standort der Iserlohner Werkstätten an einem festen Platz installiert, zunächst aber nicht in Betrieb genommen. Mitarbeitende bekamen somit die Möglichkeit, die neuen Geräte zu begutachten und sich an das neue Arbeitsgerät in ihrer vertrauten Arbeitsumgebung zu gewöhnen. Anschließend wurden die Assistenzsysteme für Schulungszwecke zum Erlernen von Fertigungsprozessen bei neuen Produkten oder zum Anlernen von neuen Mitarbeitenden eingesetzt. Die Nutzung des Werkerassistenzsystems wurde für Mitarbeitende vertrauter und routinierter. Darauf aufbauend wurde das Werker-Assistenzsystem stundenweise für die Fertigung erster Bauteile implementiert, bis die digitalen Systeme selbstverständlich morgens bei Arbeitsbeginn eingeschaltet wurden und den vollen Arbeitstag in Betrieb waren.

Die Programmierung und Konfiguration der beiden Geräte erfolgten stufenweise. Dabei zeigte sich, dass für technisch weniger affine Fachkräfte zumindest die Ulixes Geräte schwer zu programmieren sind. Hier bedarf es einiger Grundkenntnisse in der Programmierung von Geräten. Die folgende Grafik illustriert den Ablauf zur Erstellung eines Workflows für den Ulixes.

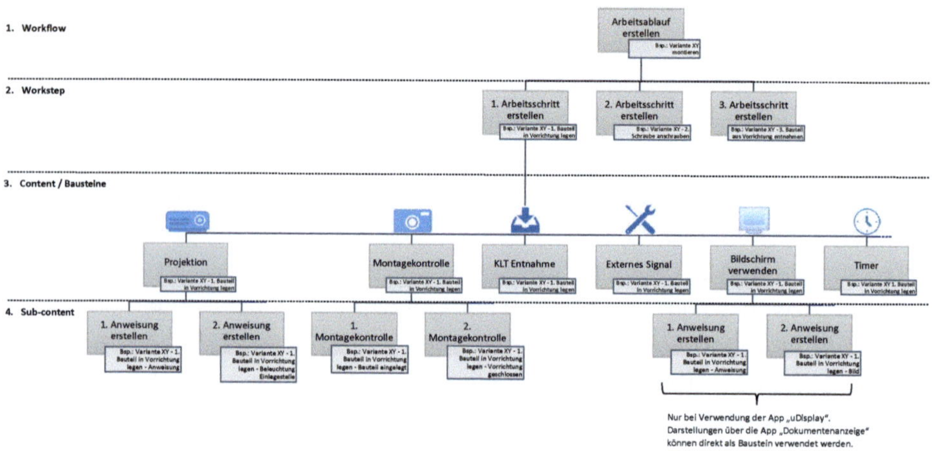

Abbildung 16: Ablauf zur Erstellung eines Workflows in der ARP-Software

Abbildung 17: Lieferumfang des Sawyer.

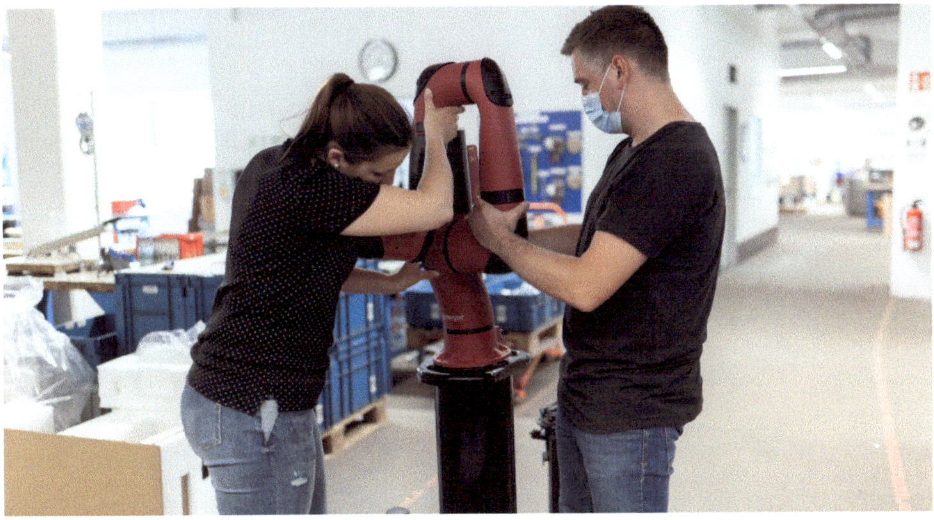

Abbildung 18: Der Greifarm wird mit wenigen Handgriffen auf das Untergestell montiert.

Abbildung 19: Das Greifwerkzeug wird ergänzt.

Abbildung 20: Der Steuerungsrechner wird angefügt.

Abbildung 21: Einfache Stecker verbinden Rechner und Greifarm.

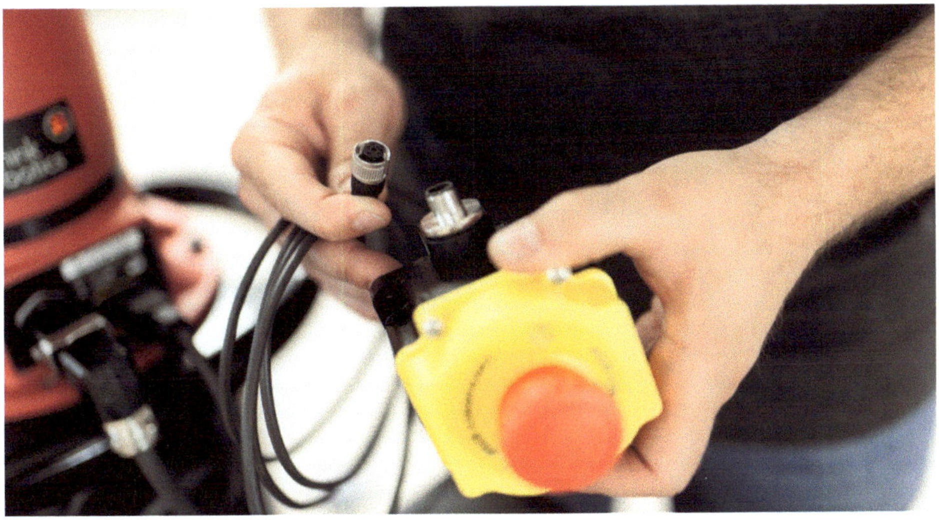

Abbildung 22: Die Notausschaltung des Sawyer.

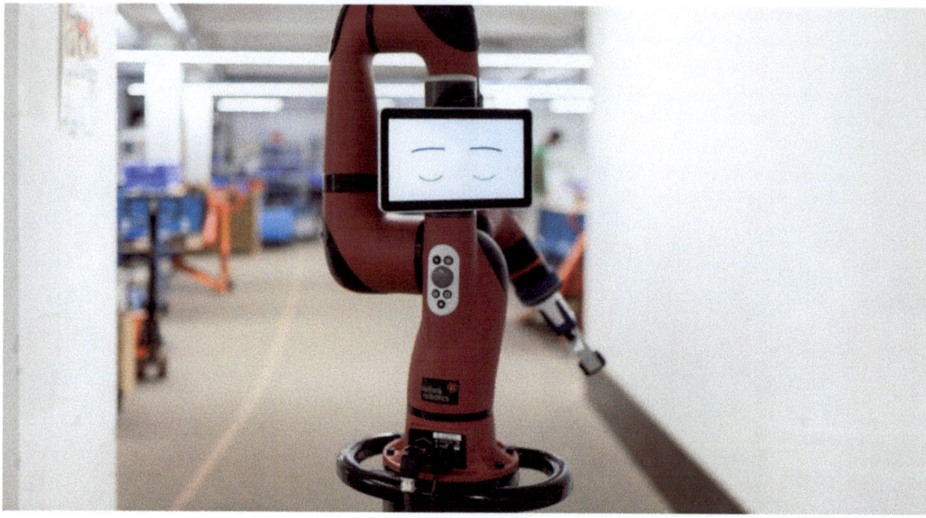

Abbildung 23: Der betriebsbereite Sawyer.3

Die Sawyer Roboter lassen sich durch eine mechanische Führung des Roboterarms für neue Arbeitsabläufe programmieren. Dies geschieht intuitiv und vermittelt auch Menschen mit einer geringeren Affinität für Technik schnell Erfolgserlebnisse. Die folgenden zwei Abbildungen zeigen die Anleitung für eine Programmierung des Sawyer.

Programmierung

1. Bringen Sie den Roboter in den Zero-Gravity- oder Zero-G-Modus, indem Sie die Manschette über den Tasten drücken und halten oder indem Sie die „O“-Taste am Navigator drücken und halten.
2. Wenn sich der Arm in einer gültigen Position befindet, werden das Licht der Manschette und der Cursor Blau angezeigt. Wenn sich der Arm zu nahe an den Kopfbildschirm oder an den Körper bewegt oder ein Gelenk eine Bewegungsgrenze erreicht, wechselt die Leuchte der Manschette auf Orange. Bewegen Sie den Arm einfach vom Bildschirm, Körper oder Gelenkgrenze weg und die Manschettenbeleuchtung wechselt wieder auf Blau.
3. Die Greiftaste wird verwendet, um Teile aufzunehmen und zu platzieren. Halten Sie die Greiftaste gedrückt, um den Greifer zu betätigen.
4. Die Aktionstaste wird verwendet, um eine Aufgabe zu erstellen, indem ein bestimmter Knotentyp im Steuerungsbaum platziert wird.

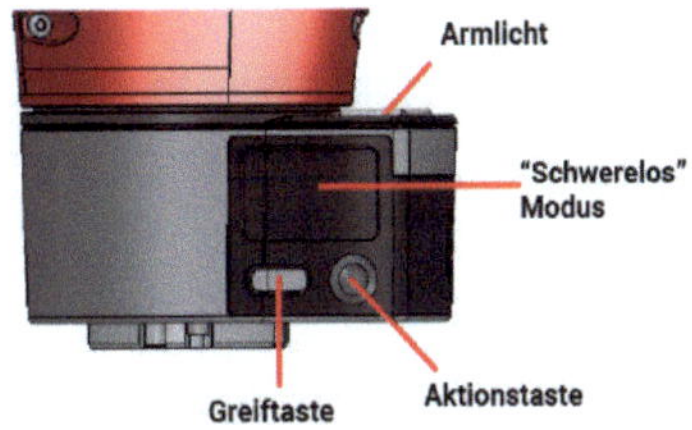

Abbildung 24: Anleitung zur Programmierung eines Saywer Roboters (1/2)

Programmierung

1. Beginnen Sie, indem Sie eine neue Aufgabe starten und eine Verbindung zum Roboter herstellen.
2. Bewegen Sie den Arm im Zero-G-Modus an eine beliebige Stelle.
3. Wählen Sie den Knoten mit dem Namen Task aus und fügen Sie einen Verschieben nach-Knoten hinzu.
4. Geben Sie dem Knoten einen geeigneten Namen, z. B. „Move 1“ oder „Approach“.
5. Wählen Sie ArmPose, um diese Position zu trainieren.
6. Fügen Sie danach eine kurze Wartezeit hinzu, indem Sie den Warten-Knoten auswählen und ihm einen geeigneten Namen wie "1s" geben.
7. Stellen Sie die gewünschte Wartezeit ein.
8. Bewegen Sie als Nächstes den Arm im Zero-G-Modus an eine andere beliebige Position.
9. Fügen Sie einen Verschieben nach-Knoten hinzu und geben Sie ihm einen geeigneten Namen, wie zum Beispiel "Verschieben 2" oder "Zurückziehen".
10. Wählen Sie ArmPose, um diese Position zu trainieren.
11. Fügen Sie abschließend eine weitere kurze Wartezeit hinzu, indem Sie den Knoten Warten auswählen und die gewünschte Wartezeit einstellen. Geben Sie diesem Knoten ebenfalls einen passenden Namen.
12. Drücken Sie in der oberen Leiste die Wiedergabetaste, um mit der Ausführung der Aufgabe zu beginnen.

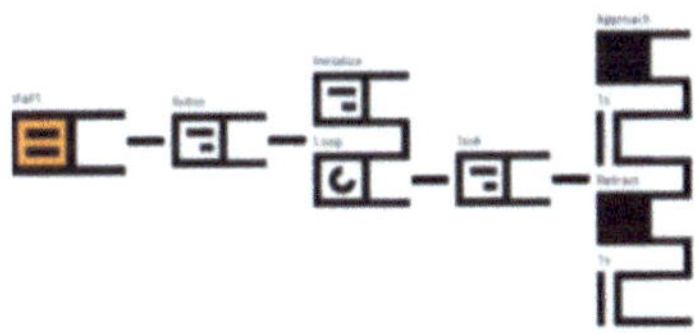

Abbildung 25: Anleitung zur Programmierung eines Saywer Roboters (2/2)

Die Iserlohner Werkstätten haben durch eine Vielzahl von Maßnahmen die Einrichtung und Programmierung der Geräte vorangetrieben:

- Eine technisch versierte Fachkraft wurde anteilig freigestellt, um als zentrale:r Ansprechpartner:in für die Geräte und deren Programmierung zur Verfügung zu stehen.
- Studentische Hilfskräfte unterstützten während des Projektverlaufs bei der initialen Programmierung der Geräte.
- Bereits im Lab wurden Kurse zur Programmierung der Geräte angeboten.
- Es wurden Fachkräfte an allen Standorten gezielt für die Programmierung und Einrichtung der Geräte geschult.

4.4 3D-DRUCK ALS WESENTLICHE ERGÄNZUNG ZU DEN SYSTEMEN

Weder der Sawyer noch der Ulixes lassen sich ohne ergänzende Komponenten für eine Montage von Werkstücken nutzen. Es bedarf immer spezifischer Greif- und Haltevorrichtungen, die nicht serienmäßig Bestandteil der Geräte sind. Hier haben die Iserlohner Werkstätten durch die Anschaffung eines 3D-Druckers einen pragmatischen Ausweg gefunden und die Erzeugung von Greif- und Haltevorrichtungen in die eigene Hand genommen.

4.5 PROJEKTABSCHLUSS

Am 30.06.2021 wurde das Projekt offiziell beendet. Die Roboter und Assistenzsysteme gingen in den Regelbetrieb über. Zum Projektabschluss wurde eine strukturierte, anonyme Nachher-Befragung mittels eines Fragebogens bei Mitarbeitenden und Fachkräften der Iserlohner Werkstätten durchgeführt. Ausgangspunkt der Umfrage bildete die Frage, wie Mitarbeitende und Fachkräfte der Iserlohner Werkstätten den Einsatz der Werkerassistenzsysteme und des Technik-Roboter-Arbeitsplatzes erleben. Die Ergebnisse werden in Kapitel 5 skizziert.

Die Befragung verfolgte in Bezug auf beide Geräte das Ziel der Ermittlung

- eines allgemeinen Stimmungsbildes,
- der wahrgenommenen Benutzer:innenfreundlichkeit,
- der erlebten Auswirkungen auf den Arbeitsalltag,
- der Vorteile und Schwierigkeiten sowie
- von Verbesserungsvorschlägen.

Im folgenden Kapitel werden die Ergebnisse der Vorher-Nachher-Befragung der Mitarbeitenden und Fachkräfte der Iserlohner Werkstätten dargestellt. Im anschließenden Kapitel 6 werden die Ergebnisse interpretiert und diskutiert.

ERGEBNISSE DER VORHER-NACHHER-BEFRAGUNG

05

5.1 ZIELGRUPPE UND DURCHFÜHRUNG DER VORBEFRAGUNG

Die erste Umfrage zur Einführung der Werkerassistenzsysteme und der Mensch-Roboter Kollaboration wurde im März 2021 bei der Eröffnung des Labs von der syndeum GmbH durchgeführt. Zielgruppe waren Mitarbeitende sowie Fachkräfte der Iserlohner Werkstätten, die durch das Lab einen ersten Eindruck von den Geräten und ihren Anwendungsmöglichkeiten gewinnen konnten.

Die strukturierte, anonyme Befragung erfolgte mittels eines Fragebogens. Um einen barrierefreien Zugang zur Umfrage zu ermöglichen, lagen die Fragebögen sowohl in Schwerer als auch in Leichter Sprache vor.

An der Befragung beteiligten sich insgesamt 119 Teilnehmer:innen. Wenn man die 1.000 Arbeits- und Beschäftigungsverhältnisse sowie die 300 tariflichen Arbeitsverhältnisse als Grundgesamtheit als Referenz nimmt, dann entspricht dies einer Teilnahmequote von ca. 10 Prozent. Geht man davon aus, dass das Lab nur von ca. 250 Personen aus den Reihen der Mitarbeitenden und Fachkräfte besucht wurde, dann entspricht dies einer Teilnahmequote von ca. 50 Prozent. Die Positionen der Personen, die an der Vorbefragung teilnahmen, zeigt die folgende Abbildung.

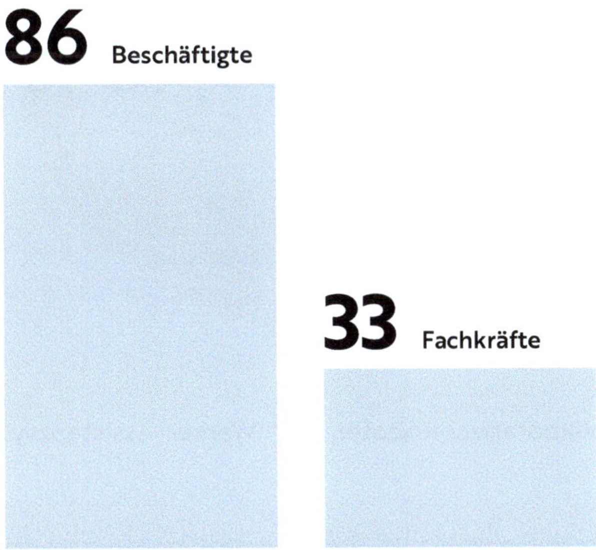

Abbildung 26: Vorbefragung, Position der Befragungsteilnehmer:innen, n = 119

Es nahmen dreimal so viele Mitarbeitende wie Fachkräfte an der Befragung teil. Die Mehrheit der Befragungsteilnehmer:innen bilden mit 72.2 Prozent somit Mitarbeitende. 27.8 Prozent der Befragten sind Fachkräfte der Iserlohner Werkstätten. Das Fachpersonal schließt sich aus Geschäftsführung, Einrichtungsleitung, Technische Leitung und Projektleitung zusammen.

Die Rückmeldequote zum Werkerassistenzsystem und dem kollaborativen Roboter hält sich mit ca. 50 Prozent die Waage (s. folgende Abbildung).

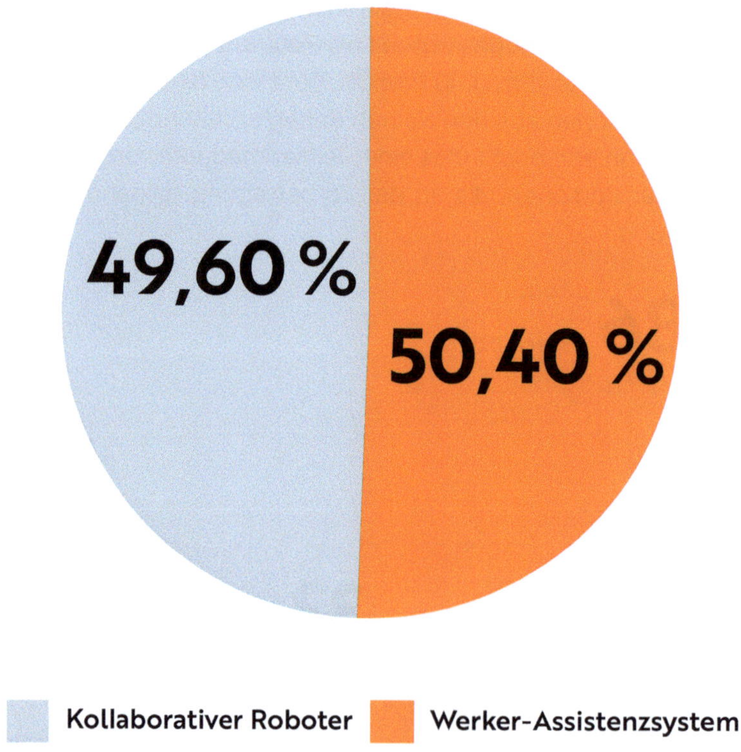

Abbildung 27: Vorbefragung: Rückmeldequote zum Werker-Assistenzsystem und dem kollaborativen Roboter (n=119)

5.2 ZIELGRUPPE UND DURCHFÜHRUNG DER NACHBEFRAGUNG

Die Nachbefragung zum Einsatz der Werkerassistenzsysteme und der Mensch-Roboter-Kollaboration wurde im Juni 2020 von der syndeum GmbH vor Ort durchgeführt. Zielgruppe waren erneut Fachkräfte und Mitarbeitende der Iserlohner Werkstätten.

Die strukturierte, anonyme Befragung erfolgte mittels eines Fragebogens. Da der Fragebogen in Schwerer Sprache vorlag, wurden einige Befragungen unter Assistenz durchgeführt, um auch für Menschen mit Beeinträchtigung die Teilnahme zu ermöglichen.

Insgesamt nahmen 43 Personen an der Nachbefragung teil, wobei Mitarbeitende und Fachkräfte der Iserlohner Werkstätten im Verhältnis 3:2 an der Befragung beteiligt waren. Somit sind 60.4 Prozent der Befragten als Mitarbeitende und 39.6 Prozent der Befragten als Fachkräfte in den Iserlohner Werkstätten tätig (siehe folgende Abbildung). Voraussetzungen für die Teilnahme lagen nicht vor. Nicht alle Befragungsteilnehmer:innen arbeiteten zum Zeitpunkt der Befragung bereits direkt am digitalen Assistenzsystem.

Abbildung 28: Nachbefragung, Position der Befragungsteilnehmer:innen, n = 43.

Die Rückmeldequote aus den Fragebögen zum Werkerassistenzsystem (60.4 Prozent) und zum kollaborativen Roboter (39.6 Prozent) zeigt die folgende Abbildung.

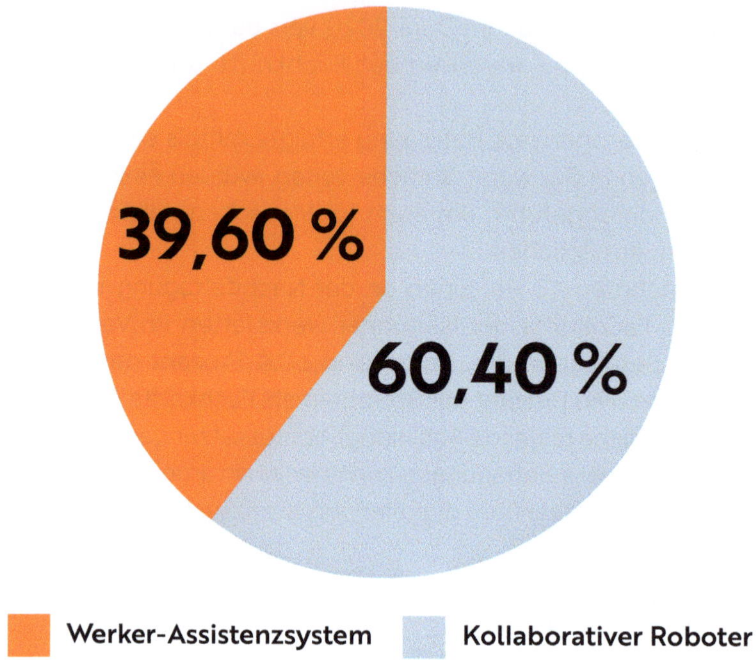

Abbildung 29: Rückmeldequote Nachbefragung

Darüber hinaus wurden die Geschäftsführung, Einrichtungsleitung, Projektleitung sowie die technische Leitung der Iserlohner Werkstätten in halb-strukturierten Online-Interviews befragt. Ausgangspunkt der Interviews war die Frage, welche Veränderungen das Fachpersonal bei der Implementierung der Werkerassistenzsysteme und Mensch-Roboter-Kollaboration wahrgenommen hat. Ziel dieser ergänzenden Erhebung war es, neben den Ergebnissen der quantitativen Befragung, die konkreten Bedarfe und Befürchtungen der potenziellen Nutzer:innen zu identifizieren und zu verstehen. Zudem ist es relevant, mit den Betroffenen selbst ins Gespräch zu kommen. Die Sichtweise der Mitarbeitenden über die Anwendungen der Assistenzsysteme wurde in einem offenen Austausch und ohne den formellen Rahmen einer standardisierten Befragung bei einem Vor-Ort-Besuch bei den Iserlohner Werkstätten in Erfahrung gebracht.

5.3 ERGEBNISSE DER VORHER-NACHHER-BEFRAGUNG ZUM WERKERASSISTENZSYSTEM

5.3.1 ALLGEMEINES STIMMUNGSBILD

Die Einführung der Werkerassistenzsysteme wird von 94.8 Prozent der Befragungsteilnehmer:innen in der Vorbefragung als „sehr gut" oder „gut" bewertet und damit sehr positiv. In der Nachher-Befragung ist die Zustimmung mit 64.2 Prozent der Befragten geringer. Die übrigen 36 Prozent positionieren sich in der Nachbefragung als neutral. Der Grund für die hohe Quote neutraler

Stimmabgaben ist darin zu vermuten, dass noch nicht alle Befragungsteilnehmer:innen direkt mit dem Werkerassistenzsystem seit der Einführung gearbeitet haben. Aufgrund dessen konnten sich zum Zeitpunkt der Nachbefragung nicht alle Befragungsteilnehmer:innen klar positionieren. Insgesamt zeigt sich die Mehrheit der Fachkräfte mit einem Anteil von 64 Prozent bei der Vorbefragung interessiert, bei der Einführung der Werkerassistenzsysteme mitzuwirken. Zur Mitwirkung wünschen sich Fachkräfte feste Ansprechpartner:innen, ausreichend Informationen sowie Zeit für die Einarbeitung und Schulungen zum Pick-by-Light System.

In der Nachbefragung geben 77.2 Prozent der Befragten an, dass sie die Werkerassistenzsysteme gerne für längere Zeit nutzen möchten. Die Benutzerfreundlichkeit des Ulixes Systems wird als sehr positiv bewertet. Insgesamt bewerten 82.6 Prozent der Befragungsteilnehmer:innen die Bedienung des Systems als einfach oder „sehr einfach". Im Vergleich zwischen Fachkräften und Mitarbeitenden zeigt sich, dass Fachkräfte die Bedienung des Systems diffiziler bewerten als Mitarbeitende.

In der Vorbefragung erachten Befragungsteilnehmer:innen den Einsatz des Pick-by-Light Systems im Berufsbildungsbereich (BBB), im Bereich für intensive Arbeitsassistenz, -pädagogik und Pflege (BAPP) sowie im Bereich der Montage und Verpackung als adäquat. Sie gehen davon aus, dass das System bei komplexen, mehrschrittigen Tätigkeiten sinnvoll unterstützen kann.

Interessanterweise geben Fachkräfte in der Nachher-Befragung an, dass das Werkerassistenzsystem überraschend vor allem im Bereich der Fort- und Weiterbildung sowie bei Kontrollarbeiten eine Arbeitserleichterung darstellt. Es eigne sich hervorragend für den Weiter- und Ausbildungsbereich der Mitarbeitenden.

Diese könnten mittels der Werkerassistenzsysteme eigenverantwortlich Schulungen durchführen und eigenständig Montageschritte für neue Produkte erlernen. Auch die Anlernzeit von neuen Mitarbeitenden würde somit verkürzt und entlaste Fachkräfte.

5.3.2 VORTEILE UND HERAUSFORDERUNGEN

Entsprechend der Erwartungen aus der Vorbefragung, geben Befragungsteilnehmer:innen in der Nachbefragung an, dass Mitarbeitende mit motorischen und kognitiven Einschränkungen durch die Unterstützung des Werkerassistenzsystems in Ihrer Teilhabe gefördert werden. Ohne Arbeitsdruck können sie autonom und selbstständig lernen und arbeiten. Beispielsweise erfolgen nun mittels des Werkerassistenzsystems Schulungen zum Erlernen von Montageschritten eines neuen Produktes eigenständig, sodass Fachkräfte entlastet werden.

Das Werkerassistenzsystem wird als Arbeitserleichterung in der Montagearbeit wahrgenommen, insbesondere für Menschen mit einer geringen Merkfähigkeit. Die detaillierte, schrittweise Arbeitsanleitung über auditive und visuelle Darstellungen bewerten Mitarbeitende als sehr positiv. Komplexe und mehrschrittige Arbeitsprozesse werden verständlich erklärt. Das Werkerassistenzsystem vermittelt Mitarbeitenden Sicherheit und reduziert Ängste vor Veränderungen. Die auditive und visuelle Darstellung der Montageanleitung in Leichter Sprache sowie die körperliche Entlastung stärkt somit die Integration von Menschen mit körperlichen und geistigen Einschränkungen im Arbeitsleben.

Befragte geben an, dass die Kontrolle der Arbeitsschritte beim Werkerassistenzsystem zur Minimierung der Fehlerquote im Montageprozess führt. Das Weglassen oder Verwechseln von Bauteilen kann verhindert und die Arbeitsqualität der Mitarbeitenden erhöht werden.

Insbesondere Fachkräfte der Iserlohner Werkstätten äußerten Befürchtungen, dass sie von den Pick-by-Light Systemen ersetzt werden, da diese ihre Tätigkeiten übernehmen, Mitarbeitenden die Handlungsschritte zur Montage eines Produktes zu erklären. Diese Befürchtungen konnten ausgeräumt werden. Fachkräfte fühlen sich entlastet und können sich mehr Zeit für die Persönlichkeitsförderung der Mitarbeitenden nehmen.

Herausforderungen merken Befragungsteilnehmer:innen in der Nutzung und Handhabung der Werkerassistenzsysteme an. Fachkräfte geben in der Nachbefragung an, dass Ulixes Systeme Schwierigkeiten beim Erkennen von ausgeführten Arbeitsschritten aufweisen können. Das System werde als langsam wahrgenommen, da es einige Sekunden dauert, bis das System einen ausgeführten Arbeitsschritt erkannt und überprüft hat. Dies führe zur Verwirrung bei Mitarbeitenden. Das Werkerassistenzsystem ist zudem aus ergonomischer Perspektive unzureichend gestaltet, da Bauteile nicht für alle Mitarbeitenden mit körperlichen Einschränkungen günstig liegen und schwierig zu greifen sein können.

Weitere Herausforderungen wurden in der Vorbefragung bei Befragungsteilnehmer:innen bei Platzmangel oder bei der Umgestaltung des Arbeitsplatzes gesehen. Seitens der Mitarbeitenden wurde in der Vorbefragung ebenfalls die Angst vor sozialer Isolierung durch die Umgestaltung des gemeinschaftlichen Arbeitsplatzes zum Einzelarbeitsplatz thematisiert. Mitarbeitende hatten Angst, dass sie eine Abhängigkeit zum Pick-by-Light System entwickeln. Diese Einschätzung resultierte aus der Befürchtung, dass sie sich zu sehr auf das Gerät verlassen könnten. Zweitens bestand Sorge in der Annahme, dass sie von der Geschwindigkeit des Systems abhängig sind und nur so schnell arbeiten können, wie es das System vorgibt. Alle Punkte wurden in der Nachbefragung nicht wieder aufgegriffen. Es kann daher davon ausgegangen werden, dass die benannten Befürchtungen aus der Vorbefragung sich in der Praxis nicht bewahrheiteten.

Zusammenfassend nehmen Befragungsteilnehmer:innen folgende Veränderungen durch die Einführung des Werkerassistenzsystems wahr:

- Steigerung der Arbeitszufriedenheit und Arbeitsqualität bei Mitarbeitenden
- Hervorragende Unterstützung bei Aus- und Weiterbildungen
- Vereinfachung der Fehlerüberprüfung der Montageteile zur Qualitätssicherung
- Zeitersparnis bei Fachkräften durch selbstständiges Arbeiten und Lernen der Mitarbeitenden und mehr Zeit für Persönlichkeitsförderungen der Mitarbeitenden
- Neue Herausforderungen durch zeitintensive „Programmierungen" der Pick-by-Light Systeme

Davon ausgehend wünschen sich Fachkräfte eine Vereinfachung der Programmierung der Systeme, so dass die Phase der Arbeitsvorbereitung verkürzt werden kann. Um die technische Leitung zu entlasten, wünschen sich Fachkräfte Schulungen zur Konfiguration der Systeme, um bei der Konfiguration der Systeme unterstützen zu können und somit eine schnellere Implementierung in die Produktion zu ermöglichen. Fachkräfte geben an, dass sie das Werkerassistenzsystem insbesondere bei Aufträgen sinnvoll erachten, die über einen längeren Zeitraum oder wiederkehrend laufen.

5.4 ERGEBNISSE DER VORHER-NACHHER-BEFRAGUNG ZUR MENSCH-ROBOTER-KOLLABORATION

5.4.1 ALLGEMEINES STIMMUNGSBILD

Bei der Einführung stehen Fachkräfte und Mitarbeitende dem Roboter Saywer gleichermaßen positiv gegenüber. 95 Prozent der Befragungsteilnehmer:innen bewerten die Einführung in der Vorbefragung als „sehr gut" oder „gut". Erkennbar ist eine aufgeschlossene Grundhaltung der Fachkräfte zur Mitwirkung an der Einführung des Roboters Saywer. Mit 62.5 Prozent zeigen mehr als die Hälfte der Fachkräfte in der Vorbefragung Interesse zur Mitwirkung. Dazu wünschen sich interessierte Fachkräfte Schulungen und Workshops, feste Ansprechpartner:innen und ausreichend Zeit zur Einarbeitung.

In der Nachbefragung bewerten 73 Prozent der Befragungsteilnehmer:innen die Einführung als „sehr gut" oder „gut". Insbesondere bei Fachkräften ist eine leichte Zunahme skeptischer Stimmen zur Nutzung des Cobots zu verzeichnen. Insgesamt findet das Werkerasistenzsystem im Vergleich zum Roboter Saywer eine höhere Akzeptanz bei den Befragten.

Anwendungsbereiche der Mensch-Roboter-Kollaboration liegen im Bereich der Montage sowie Verpackung, z.B. von S-Haken. Die Bedienbarkeit des Roboters beurteilen Befragungsteilnehmer:innen mehrheitlich als „(sehr) einfach". Fachkräfte bewerten die Benutzer:innenfreundlichkeit dabei besser als Mitarbeitende. Während Fachkräfte die Bedienung einheitlich als „sehr einfach" ermessen, sind es bei den Mitarbeitenden lediglich 70 Prozent. Langfristig möchten 64 Prozent der Befragungsteilnehmer:innen den Roboter Saywer in den Iserlohner Werkstätten nutzen. Demnach sprechen sich acht von zehn Mitarbeitenden für eine längere Nutzung des Cobots aus, jedoch nur eine von vier Fachkräften. Der Grund dafür liegt in der Annahme, dass eine vollständige Implementierung der Cobots zum Zeitpunkt der Umfrage noch nicht erfolgte und der Mehrwert für Fachkräfte noch nicht ausreichend ersichtlich war. Erst bei einer vollständigen Implementierung der kollaborativen Roboter ist davon auszugehen, dass Fachkräfte einen höheren Nutzen erkennen und sich für eine langfristige Nutzung aussprechen.

5.4.2 VORTEILE UND HERAUSFORDERUNGEN

Einen wesentlichen Ausgangspunkt der Vorher-Nachher-Befragung stellt die Analyse der Vorteile und noch nicht gelösten Herausforderungen bei der Mensch-Roboter-Kollaboration in der Praxis dar. Grundsätzlich wird der Cobot als eine Unterstützung und Hilfestellung bei Arbeitsabläufen für Menschen mit körperlichen und motorischen Einschränkungen gesehen. Beispielsweise geben Befragte an, dass Mitarbeitende mit Spastiken, Lähmungen oder amputierten Gliedmaßen durch die Zusammenarbeit mit dem Cobot eine Arbeitsentlastung erfahren. Das Tätigkeitsspektrum der Mitarbeitenden wird durch die Mensch-Roboter-Kollaboration erweitert. Die Teilhabe der Mitarbeitenden am Arbeitsmarkt wird durch die Zusammenarbeit mit dem Cobot erhöht.

In der Vorbefragung erhoffen sich Mitarbeitende, dass sie durch die Zusammenarbeit mit dem Roboter eine erhöhte Selbstständigkeit und Stärkung des Selbstbewusstseins erleben. Ein:e Mitarbeitende:r formuliert in der Vorbefragung bezüglich der zu erwartenden Vorteile durch die Nutzung des Cobots, „das Menschen, die köperbehindert sind oder geistige Einschränkungen haben, so arbeiten können und auch Erfolge erzielen und dadurch selbstbewusst werden." Ebenfalls erwarten sie durch die Nutzung einen Abbau von Ängsten vor neuen Arbeitstechniken sowie eine schnellere Ausführung der Tätigkeiten. Gleichzeitig werden in der Vorbefragung bei Befragungsteilnehmer:innen die Sorge um eine fehlende Akzeptanz bzw. mögliche Berührungsängste und Unsicherheiten bei Mitarbeitenden gegenüber dem Cobot thematisiert. Auch die Angst vor dem Verlust des Arbeitsplatzes, da ihre Arbeitskraft durch den Roboter ersetzt werden könnte, wird von Mitarbeitenden genannt.

In der Nachbefragung bestätigten die Befragungsteilnehmer:innen mehrheitlich, dass durch die Mensch-Roboter-Kollaboration die Flexibilität und Eigenständigkeit von Mitarbeitenden gesteigert wird. Zusätzlich werden die Arbeitsmotivation, Leistungsbereitschaft sowie Arbeitszufriedenheit werden positiv beeinflusst. Die gleichmäßige Arbeitsgeschwindigkeit des Roboters wird als angenehm empfunden. Allerdings werden von Befragungsteilnehmer:innen

Bedenken geäußert. So geben Mitarbeitende in der Nachbefragung an, „die Arbeit mit dem Roboter hat mich verunsichert" und „es war unheimlich und hat mir Chaos bereitet". Fachkräfte bestätigen in der Nachbefragung, dass es eine längere Eingewöhnungszeit von Mitarbeitenden bei der Implementierung des Saywers in gewohnte Arbeitsabläufe benötigt.
Wie in der Vorbefragung vermutet, wird der Roboter von Befragungsteilnehmer:innen als laut empfunden. Hingegen spielt der befürchtete Platzmangel sowie die Angst vor Arbeitsunfällen durch die Zusammenarbeit mit dem Roboter in der Nachbefragung keine Rolle mehr.

Entgegen den Erwartungen aus der Vorbefragung wird die Benutzerfreundlichkeit des Saywers als überwiegend einfach und intuitiv bewertet. Fachkräfte geben an, dass es eine Zeit gebraucht hat, bis der Nutzen des Cobots in der Produktion erkannt werden konnte. Der Roboter konnte mehr Anwendungen ausführen als zu Beginn erwartet und vom Vertrieb des Unternehmens angekündigt. Der Cobot könne ein „Chaos von Schrauben" auf dem Tisch nach Farben, Formen und Größen anpassen. Auch sei der Greifarm des Roboters austauschbar. Damit der Roboter für die Produktion in Betrieb genommen werden kann, muss der Roboter zuvor für jedes Produktionsteil passend konfiguriert werden, wie z.B. die Herstellung von passenden Bestückungsvorrichtungen. Dies erfordert nach Angaben der Fachkräfte einen hohen Zeitaufwand.

Die Vorteile und Schwierigkeiten zeigen sich zusammenfassend bei den genannten Veränderungen im Arbeitsalltag der Befragungsteilnehmer:innen. Einerseits nehmen Befragungsteilnehmer:innen eine Vereinfachung des Arbeitsalltags für Mitarbeitende wahr, da sie im Produktionsprozess unterstützt werden. Mitarbeitende können mit dem Cobot gut zusammenarbeiten, die Kollaboration bereitet ihnen Spaß und wird als spannend erlebt. Die Zusammenarbeit ermöglicht neue Arbeitsangebote für Menschen mit motorischen Einschränkungen, sodass die Arbeitszufriedenheit gefördert wird. Zeitgleich ist der Bereich, in dem der Roboter sinnvoll in der Produktion eingesetzt werden kann, noch erweiterungsfähig. Zu Beginn wurden die Möglichkeiten des Roboters in der Produktion nicht erkannt und es brauchte Zeit, bis Vorteile und Möglichkeiten gesehen wurden. Dennoch erfordert es einen hohen zeitlichen Aufwand, Ideen, die mit dem kollaborativen Roboter in der Produktion Entlastung schaffen, umzusetzen, da die Programmierung und Konfiguration viel Zeit in Anspruch nehmen.

5.5 AUSWERTUNG DER PRESSESTIMMEN

Das Projekt zog, u.a. durch den Social Media Auftritt (Facebook, Instagram und LinkedIn), eine erhebliche Aufmerksamkeit der Medien auf sich. Neben mehreren Zeitungsberichten (Iserlohner Kreiszeitung, Stadtspiegel) und Fachbeiträgen (SBVdirekt) kam es zu Fernsehbeiträgen sowohl bei öffentlich-rechtlichen (WDR) als auch bei privaten Sendern (Sat1). Der Tenor der Berichterstattung war durchweg positiv. Für eine Werkstatt für behinderte Menschen (WfbM) ist eine mediale Berichterstattung eher ungewöhnlich. Das Erscheinen von Reporter:innen und Kamerateams ist für Menschen mit Behinderungen gleichermaßen wie für Mitarbeiter:innen ein aufregendes Erlebnis. Doch die Berichterstattung sendet in viele Richtungen positive Signale. Zum einen vermittelt sie der breiten Öffentlichkeit, dass die Werkstätten für behinderte Menschen sich modernisieren. Zum anderen hebt die Berichterstattung das Selbstwertgefühl der Mitarbeitenden, über deren Arbeit in der Presse berichtet wird. Darüber hinaus weckt die Berichterstattung bei den regionalen industriellen Kund:innen der Werkstätten für behinderte Menschen die Aufmerksamkeit für weitere Möglichkeiten der Zusammenarbeit im Bereich der Produktion.

5.6 AUSWERTUNG DER TRANSFERTREFFEN

Das Projekt stieß auch bei anderen Werkstätten für behinderte Menschen auf Interesse. So kam es zu Besuchen der Werkstätten aus Hamburg, Rhede, Nürnberg, Wuppertal und Gelsenkirchen, um nur einige zu nennen. Zudem kam es zu Beiträgen auf dem Digitaltag, dem bundesweiten Aktionstag für digitale Teilhabe, und einer Vielzahl von Konferenzen. Dies insbesondere auch, weil die beteiligten Unternehmen, Rethink, Ulixes sowie syndeum das Projekt auf Branchenkonferenzen vorstellten, z.B. auf dem Werkstättentag 2022 in Saarbrücken.

SCHLUSS-FOLGERUNGEN UND BILANZ

06

6.1 TRANSFORMATION DER ARBEITSORGANISATION

Mit der Einführung der Werkerassistenzsysteme und der Roboter Saywer wurde die Arbeitsorganisation in den Iserlohner Werkstätten neu strukturiert. Die Umstrukturierung wird im Folgenden für die beiden digitalen Geräte voneinander getrennt betrachtet.

Die Neustrukturierung der Arbeitsprozesse durch das Werkeassistenzsystem lässt sich am besten an einem Beispiel verdeutlichen. Im Auftrag einer Fremdfirma fertigen die Mitarbeitenden der Iserlohner Werkstätten Schlösser für den weiteren Verarbeitungsprozess.

Um den komplexen Montageprozess des Schlosses zu bewältigen, erforderte es bislang die Zusammenarbeit mehrerer Mitarbeitenden. Der Montageprozess ist in mehrere Arbeitsschritte unterteilt und beinhaltet verschiedene Einzelteile, die leicht zu verwechseln sind. Das Bauteil wurde im Fertigungsprozess vor der Umstrukturierung innerhalb einer Arbeitskette von Arbeitsplatz zu Arbeitsplatz weitergereicht. Jede:r Mitarbeitende übernahm eine Teilaufgabe im Montageprozess. Diese Aufgaben waren charakteristisch von repetitiven und gleichförmigen Tätigkeiten gekennzeichnet. Dies wirkte sich nachteilig auf die Arbeitsmotivation der Mitarbeitenden aus und konnte zu ergonomischen Belastungen beitragen.

Abbildung 30: Traditionelle Schlossfertigung (1/8).

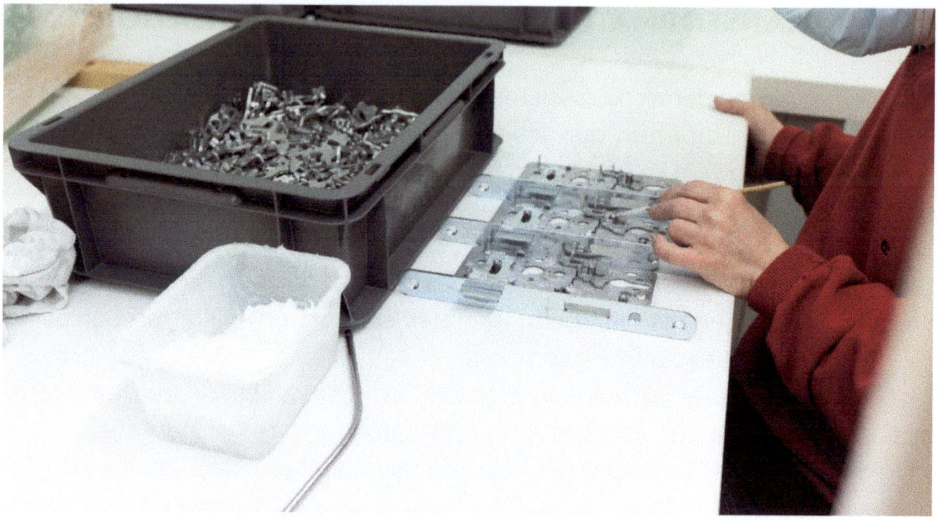

Abbildung 31: Traditionelle Schlossfertigung (2/8).

Abbildung 32:Traditionelle Schlossfertigung (3/8).

Abbildung 33: Traditionelle Schlossfertigung (4/8).

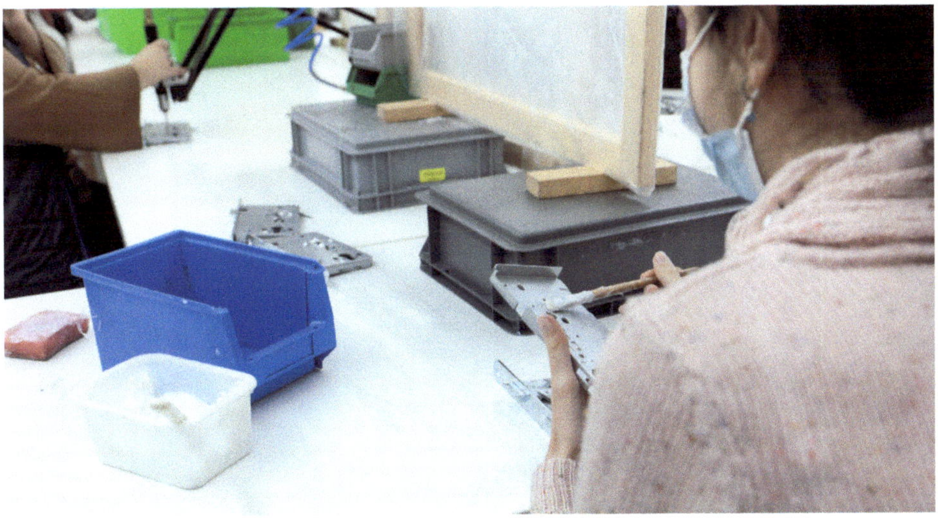

Abbildung 34: Traditionelle Schlossfertigung (5/8).

Abbildung 35: Traditionelle Schlossfertigung (6/8).

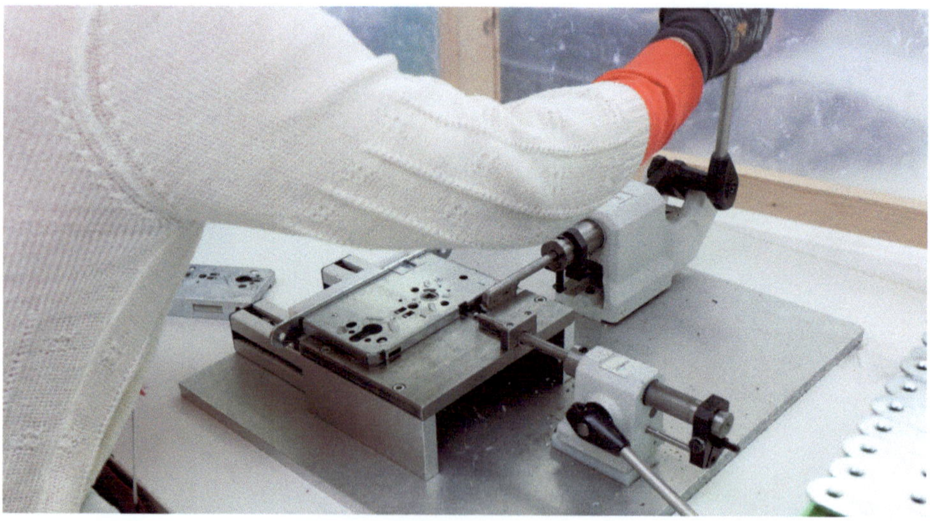

Abbildung 36: Traditionelle Schlossfertigung (7/8).

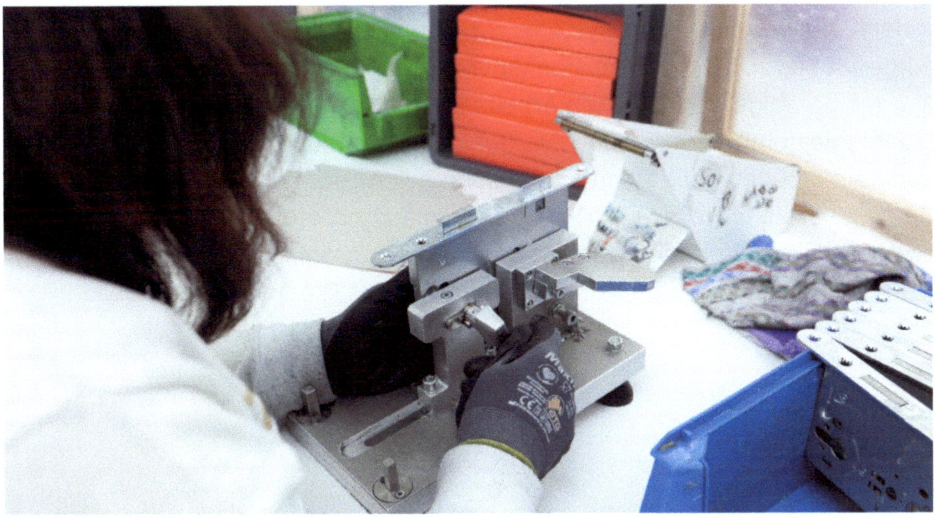

Abbildung 37: Traditionelle Schlossfertigung (8/8).

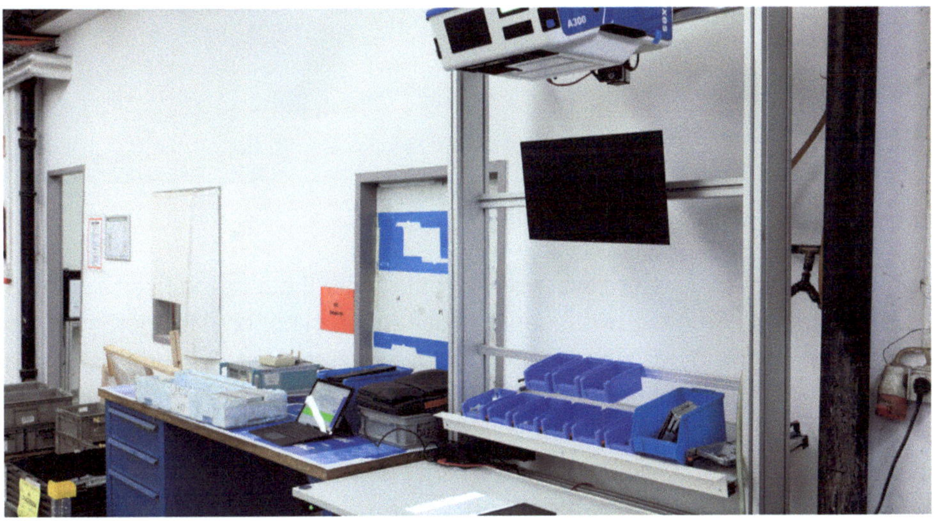

Abbildung 38: Der Ulixes vorbereitet für eine Schlossmontage.

Mithilfe des Werkerassistenzsystems konnten arbeitsteilige Produktionsprozesse aufgelöst und zu einem Einzelarbeitsplatz umfunktioniert werden. Mitarbeitende wurden befähigt, die einzelnen Arbeitsschritte zur Fertigung des Schlosses in Eigenregie durchzuführen und das Schloss eigenverantwortlich zu montieren. Ebenfalls arbeiteten die Mitarbeitenden räumlich getrennt an der Montage eines Bauteils. In Zeiten der COVID-19-Pandemie konnte erfolgreich der Abstand zwischen Mitarbeitenden garantiert und die Infektionsgefahr somit eingeschränkt werden, bei gleichzeitiger Aufrechterhaltung des Produktionsbetriebs.

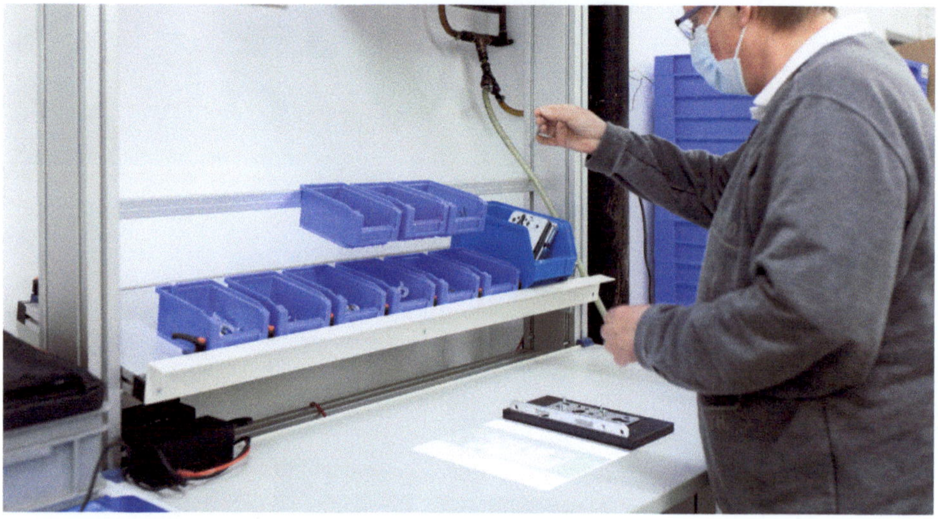

Abbildung 39: Schlossmontage mit dem Ulixes (1/2).2).

Durch das digitale Assistenzsystem wird neben der Eigenständigkeit auch die Produktivität und Arbeitsqualität der Mitarbeitenden in hohem Maß gefördert. Es hilft, Fehler während des Montageprozesses zu vermeiden. Zur Sicherstellung der korrekten Prozessreihenfolge, erhalten Mitarbeitende für alle Fertigungsschritte eindeutige und klar verständliche Arbeitsanweisungen. Werden falsche Bauteile gewählt oder falsch montiert, erkennt das System den Fehler sofort und fordert zur Korrektur auf. Entsprechend werden zeitaufwendige Nacharbeiten und zusätzliche Kosten einer Reklamation eingespart.

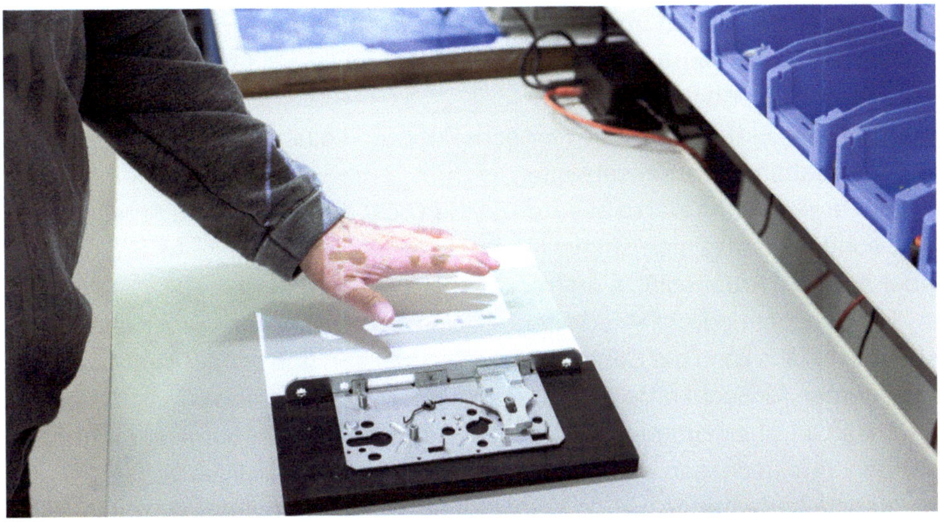

Abbildung 40: Schlossmontage mit dem Ulixes (2/2).

Darüber hinaus können Mitarbeitende in ihrer eigenen Geschwindigkeit ohne Druckempfinden am Werker-Assistenzsystem arbeiten.

Neben der Neustrukturierung der Arbeitsorganisation, verändert das Werkerassistenzsystem das Aus- und Weiterbildungswesen der Iserlohner Werkstätten.

Der Montageprozess ist geprägt durch kurzfristig wechselnde Arbeitsaufgaben, häufige Produktwechsel und eine hohe Anzahl von Produktvarianten. Zudem bestehen Produkte aus komplexen Arbeitsschritten und setzen sich aus vielen unterschiedlichen Bauteilen zusammen. Die Einarbeitung neuer Mitarbeitende sowie die Weiterbildung von Mitarbeitenden bei neuen Produktaufträgen wurde bislang in den Iserlohner Werkstätten von Fachkräften durchgeführt. Diese gestaltete sich als sehr zeitaufwendig.

Mit Einführung der Pick-by-Light Systeme können Mitarbeitende eigenständig Aus- und Weiterbildungen bewerkstelligen, sodass komplexe Fertigungs- und Montageschritte ohne weitere persönliche Anleitung durch Fachkräfte erlernt werden können. Die Anlernzeit wird durch die verständliche Anleitung des Ulixes Systems verkürzt. Die Iserlohner Werkstätten können sich nun flexibler und schneller auf Produktwechsel oder neue Produktaufträge einstellen und bleiben wettbewerbsfähiger (Apt et al., 2018). Darüber hinaus werden Fachkräfte für Arbeits- und Berufsförderung entlastet. Die Sorge der Fachkräfte, dass ihre Arbeitskraft durch Werkerassistenzsysteme abgebaut und Stellen für Personal reduziert werden, blieb unerfüllt. Stattdessen steht diesen nun mehr Zeit zur Verfügung für die Betreuung der Mitarbeitenden, wie z.B. für die Förderung der Persönlichkeitsentwicklung.

Auch die Einführung der Mensch-Roboter-Kollaboration erfordert eine Reorganisation der Arbeitsabläufe.

Im Vergleich zum Werkerassistenzsystem löst der Cobot keine Arbeitsketten auf, sondern bettet sich sinnvoll in bestehende Prozessabläufe ein, die sich über mehrere Arbeitsplätze erstrecken.

Der Cobot ermöglicht Mitarbeitenden eine Erweiterung ihrer Arbeitsaufgaben. Darüber hinaus kann der Cobot Fachkräfte entlasten und schafft somit zeitliche Ressourcen für Fachkräfte. Vorarbeiten für den Montageprozess, die zuvor von Fachkräften übernommen wurden, können nun vom Roboter durchgeführt werden. Infolgedessen arbeiten Mitarbeitende eigenständiger.

Wenn Mitarbeitende wegen Krankheit ausfallen, kann der Cobot Tätigkeiten der Mitarbeitenden zeitweise übernehmen. Die Produktion wird aufrechterhalten und trotz Personalausfällen wird sichergestellt, dass die erforderliche Stückzahl am Tag erreicht werden kann (Kremer & Hermann, 2020). Die vorangetriebene Automatisierung darf selbstverständlich nicht dazu führen, dass der Roboter die Tätigkeit der Mitarbeitenden übernimmt. Es bleibt bei einer Kollaboration zwischen Mensch und Roboter. Lediglich bei Ausfällen von Mitarbeitenden kann der Roboter zeitweise dessen Aufgaben übernehmen. Ansonsten ist auf eine sinnvolle Arbeitsteilung zu achten, sodass im Optimalfall Synergien gebildet werden, in der sich die Stärken von beiden Seiten ergänzen (Kremer & Hermann, 2020).

Aus wirtschaftlicher Perspektive ist der Einsatz der Systeme insbesondere bei der Unterstützung von langfristigen Produktionsaufträgen mit hohen Stückzahlen sinnvoll (Kremer & Hermann, 2020).

Zudem ist festzuhalten, dass dank der Umgestaltung der Arbeitsprozesse durch die beiden digitalen Assistenzsysteme die Resilienz gegenüber der Corona-Pandemie gesteigert und die Zukunftsfähigkeit der Iserlohner Werkstätten erhöht werden konnte.

6.2 KOMPETENZ- UND PERSÖNLICHKEITSFÖRDERUNG

Sowohl das Werkerassistenzsystem als auch die Mensch-Roboter-Kollaboration wirken sich begünstigend auf die persönliche Entwicklung von Mitarbeitenden aus. Anhand des Werkerassistenzsystems werden Mitarbeitende befähigt, eigenständig komplexe Arbeitsschritte auszuführen. Die Assistenz des Pick-by-Light Systems vermittelt im Montageprozess Sicherheit, so dass das Selbstvertrauen der Mitarbeitenden in hohem Maß gestärkt wird.

Ebenfalls wird das Tätigkeitsfeld von Mitarbeitenden um verantwortungsvolle Aufgabenbereiche durch das Werkerassistenzsystem erweitert. Beispielsweise werden Mitarbeitende befähigt, unter Assistenz des Pick-by-Light Systems, Aufgaben der Qualitätsüberprüfung zu übernehmen, welche zuvor von Fachkräften für Arbeits- und Berufsförderung übernommen wurden. Es handelt sich um eine verantwortungsvolle Tätigkeit, da im Zuge der Fertigungskontrolle die Qualitätssicherung garantiert wird. Diese ist entscheidend, um die Zufriedenheit der Kund:innen zu sichern, um weitere Produktionsaufträge zu gewinnen.

Bei einer Vor-Ort-Besichtigung der Iserlohner Werkstätten erklärt die technische Leitung des Projektes, dass nach der Montage bei einer Qualitätskontrolle bis zu 32 verschiedene Werkstückarten auf Fertigungsfehler überprüft werden. Zur Fertigungskontrolle eines Werkteils setzt der:die Mitarbeitende am Werkerassistenzsystem das Bauteil in die Fertigungsvorrichtung ein. Im Sichtbereich der:s Mitarbeitenden wird visuell eine Auflistung aller zu erfüllender Kriterien dargestellt, die zur Qualitätssicherung erforderlich sind. Mittels der Sensorik des Ulixes Systems wird das Bauteil überprüft. Wenn alle Montageschritte korrekt ausgeführt wurden, leuchtet auf dem Sichtfeld ein grüner Haken auf. Bei einer fehlerhaften Montage signalisiert das System mit einem roten Kreuz, dass die Montage des Bauteils zu korrigieren ist.

Abbildung 41: Einsatz des Ulixes in der Qualitätskontrolle.

Durch die eigenständige Überprüfung des Bauteils werden das Gefühl der Selbstwirksamkeit sowie das Selbstvertrauen von Mitarbeitenden in hohem Maße gestärkt. Bei der Vor-Ort-Besichtigung berichtet die technische Leitung des Projektes:

"Wenn Mitarbeitende die Fertigungskontrolle von Werkteilen übernehmen, haben diese das Gefühl, für die Kontrolle und somit auch für die Qualitätssicherung verantwortlich zu sein. Es steigert enorm das Selbstbewusstsein zu wissen, dass man der Letzte war, der das Bauteil in der Hand hatte und verantwortlich für die Sicherstellung der korrekten Ausführung ist".

Neben der Steigerung der Selbstwirksamkeit werden zudem die Arbeitsmotivation der Mitarbeitenden und die Freude an der Arbeit gesteigert. Das Werkerassistenzsystem trägt zu einem erfüllenden Arbeitsumfeld für Mitarbeitende bei und wirkt sich begünstigend auf die Arbeitszufriedenheit aus.

Auch führt die Mensch-Roboter-Kollaboration zur Aufgabenerweiterung von Mitarbeitenden. Dies wird im Folgenden am Beispiel von Martina verdeutlicht. Martina ist seit zwei Jahren als Produktionsmitarbeitende bei den Iserlohner-Werkstätten tätig. Aufgrund einer starken Spastik sitzt Martina im Rollstuhl und ihr Aufgabenspektrum in der Produktion ist auf bestimmte Tätigkeiten beschränkt. Durch die Zusammenarbeit mit Roboter Saywer werden körperliche Beeinträchtigungen von Martina ausgeglichen und ihr Aufgabenspektrum erweitert. Durch die Mensch-Roboter-Kollaboration wird Martina für einen Montageprozess befähigt. Dazu nimmt der Roboter als „dritte Hand" zunächst eine Schraube aus dem naheliegenden Behälter und legt diese vor Martina in den vorgesehenen Vorbau. Nach dem Ablegen der Schraube presst Martina durch Betätigung eines Handhebels die Schraube zusammen. Anschließend lässt sie das montierte Werkteil in einen Behälter neben sich auf den Boden fallen. Der Roboterarm legt die nächste Schraube bereit und der Vorgang beginnt von Neuem. Bei der Vor-Ort-Besichtigung erzählt Martina, dass ihr die Zusammenarbeit mit ihrem digitalen Arbeitskollegen viel Freude bereite.

Resümierend zeigt sich, dass die Technik als Assistent für Menschen mit Beeinträchtigung dient und sich individuell an deren Hilfebedarf anpasst. Es werden behinderungsbedingte Einschränkungen ausgeglichen, das Aufgabenspektrum erweitert und die Ausführung von anspruchsvolleren Aufgaben ermöglicht (Kremer & Hermann, 2020). Digitale Assistenzsysteme dürfen dabei weder den Menschen ersetzen, dessen Entscheiden und Handeln manipulieren oder ihn bevormunden. Die digitalen Systeme assistieren und geben lediglich Empfehlungen, sodass sie nicht zum Abbau von Fachkompetenzen beitragen. Die Entscheidungs- und Handlungskompetenz liegt bei den Betroffenen selbst (Lippa & Stock, 2022).

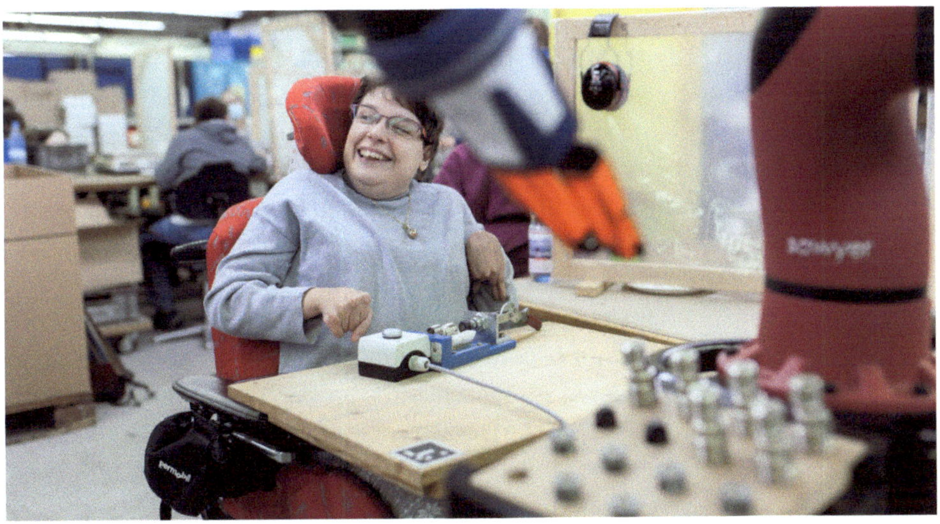

Abbildung 42: Mitarbeitende mit Assistenzroboter.

6.3 AKZEPTANZ UND MOTIVATION

Eine vorhandene Akzeptanz für das Werkerassistenzsystem und der Mensch-Roboter-Kollaboration von Mitarbeitenden ist eine entscheidende Voraussetzung, um einen Mehrwert bei der Zusammenführung von Mensch und Technik zu erzeugen. Ergebnisse der Vorher-Nachher-Befragung zeigen, dass beide digitale Assistenzsysteme eine hohe Akzeptanz bei den Mitarbeitenden erzielen. Im Vergleich findet das Pick-by-Light System eine etwas höhere Akzeptanz bei Mitarbeitenden als der Roboter Saywer.

Das Ergebnis ist wenig überraschend. Allein die optische Gestaltung des Werkerassistenzsystems ruft geringe Irritationen bei Mitarbeitenden hervor und begünstigt eine schnellere Annahme des neuen Arbeitsgerätes. Denn das Pick-by-Light System unterscheidet sich nur marginal von den bestehenden Arbeitsgeräten, sodass es sich harmonisch in das gewohnte Arbeitsumfeld einfügt.

Der Cobot erzielt bei den Mitarbeitenden größtenteils Akzeptanz. Bei Menschen mit einer psychischen Erkrankung kann die Zusammenarbeit mit dem Cobot jedoch eine Belastung darstellen. Menschen mit einer Psychose erlebten die Augen des Cobots als „unheimlich" und sie lösten z.T. Ängste aus. Aufgrund dessen wurde das Display mit Augen ausgeschaltet und ein alternativer Hintergrund eingefügt. Auch für Menschen mit Autismus stellt der neue digitale Arbeitskollege ein Stressfaktor dar, weil der Roboter „Chaos bereite". Veränderungen in routinierten Arbeitsabläufen rufen Verunsicherungen bei Menschen mit Autismus hervor. Auch wurde in der Vorher-Nachher-Befragung thematisiert, dass der Saywer als laut empfunden werde. Insbesondere für sensible Mitarbeitende können die Arbeitsgeräusche belastend sein. Eine schrittweise begleitete Heranführung an veränderte Arbeitsabläufe ist demnach essenziell. Es gilt im Individualfall abzuklären, ob der Mensch-Roboter-Arbeitsplatz für den:die Mitarbeitende:n geeignet ist bzw. welche Maßnahmen erforderlich sind, um die möglichen Stressfaktoren zu mindern (Kremer & Hermann, 2020).

Zur Förderung der Akzeptanz bildete das eingerichtete Lab einen wesentlichen Erfolgsfaktor zur Stärkung der Akzeptanz. Mitarbeitenden und Fachkräften muss die Möglichkeit geboten werden, die Geräte vor ihrem Einsatz im Regelbetrieb auszuprobieren, um Berührungsängste abzubauen und die Akzeptanz langfristig zu steigern.

Zudem fördert eine stufenweise Implementierung in den Regelbetrieb die Akzeptanz der digitalen Assistenzsysteme. Zunächst wurden die technischen Geräte in den Produktionshallen an dem jeweiligen Standort der Iserlohner Werkstätten an einem festen Platz installiert, jedoch noch nicht in Betrieb genommen. Mitarbeitende bekamen damit ausreichend Zeit, um sich an die neuen Geräte in ihrem vertrauten Arbeitsumfeld zu gewöhnen. Anschließend wurden die Assistenzsysteme zunächst vereinzelt für Schulungszwecke zum Erlernen von Fertigungsprozessen bei neuen Produkten oder zum Anlernen neuer Mitarbeitenden eingesetzt. Mitarbeitende wurden so schrittweise in Berührung mit den Systemen im Alltag gebracht, bis die Nutzung vertrauter und routinierter wurde. Darauf aufbauend wurden die Assistenzsysteme stundenweise für die Fertigung erster Bauteile implementiert, bis die digitalen Systeme schließlich selbstverständlich morgens bei Arbeitsbeginn eingeschaltet wurden und für den vollen Arbeitstag in Betrieb waren.

Zuletzt übernimmt die Kommunikation in Veränderungsprozessen eine entscheidende Funktion als Verstärkung von Prozessen, die die Akzeptanz fördern oder verhindern (Mast 2015; Posch, 2018). Um Veränderungsprozesse in gewohnten Arbeitsabläufen offen zu gestalten, gilt es durch dialogische Strukturen offene Kommunikationskulturen zu gestalten (Schewe & Nienaber, 2009; Posch, 2018). Ein offener Dialog mit Mitarbeitenden und eine transparente Kommunikation bilden den Ausgangspunkt, um Barrieren in einem Veränderungsprozess zu begegnen (Posch, 2018). Durch die Einrichtung des Labs bot sich die Möglichkeit, vor Beginn des Regelbetriebs in einen offenen Dialog mit Mitarbeitenden sowie Fachkräften zu gehen und Bedürfnissen, Interessen, Ängsten und Ablehnungen zu begegnen. Auch Fachkräfte bzw. die technische Leitung spielen im Regelbetrieb zur Förderung der Akzeptanz der Geräte eine Schlüsselrolle. Ein offener Dialog zwischen Mitarbeitenden und Fachkräften trägt zu einer höheren Akzeptanz von Veränderungen bei Mitarbeitenden bei und unterstützt den Aufbau von Vertrauen, da Fachkräfte den Mitarbeitenden auf Augenhöhe begegnen und Wertschätzung entgegenbringen (Posch, 2018).

6.4 PARTIZIPATION

Die Chancen durch die digitalen Assistenzsysteme können nur genutzt werden, wenn die Dimensionen der Selbstbestimmung, Teilhabe und Partizipation bei der Einführung der Geräte im weiteren Verlauf berücksichtigt werden (Lippa & Stock, 2022).

Im Projekt bildeten die Menschen mit Behinderung den Ausgangspunkt aller Bemühungen. Ihre Bedarfe und Bedürfnisse werden ins Zentrum gestellt. Ausgehend von den Menschen mit Behinderung kann überlegt werden, wie die digitalen Assistenzsysteme bestmöglich assistieren und individuelle, tätigkeitsbezogene Defizite kompensieren können. Wenn die digitalen Assistenzsysteme an den Bedarfen und Wünschen der betroffenen Akteur:innen vorbei getroffen werden, entsprechen die digitalen Assistenzsysteme nicht den Anforderungen (Lippa & Stock, 2022). Darüber hinaus bildet partizipative Beteiligung ein Schlüsselfaktor, um nicht nur eine kurzfristige Euphorie und Interesse für die digitalen Assistenzsysteme zu schaffen, sondern eine langfristige Akzeptanz der Mitarbeitenden zu sichern (Kremer &Hermann, 2020).

Partizipation beschreibt das aktive Einbringen von Interessen und Bedarfen der Menschen mit Behinderung in die Entscheidungsprozesse und die Einflussnahme auf Gestaltungsprozesse im Projekt (Schnurr, 2018a; Schnurr, 2018b; Lippa & Stock, 2022).

Hauptnutzer:innen der digitalen Assistenzsysteme sind die Mitarbeitenden. Es ist daher am bedeutsamsten, die Partizipation dieser sicherzustellen. Dennoch gilt es, auch die Fach- und Führungskräfte der Iserlohner Werkstätten am Prozess zu beteiligen, da diese bei der Implementierung der Geräte eine wichtige Akteur:innengruppe darstellen (Lippa & Stock, 2022).

Als Orientierung zur Umsetzung der Partizipation der beteiligten Akteur:innengruppen im Projekt diente der Partizipationsleitfaden von Lippa und Feichtenbeiner 2020 (s. Abbildung rechts).

Das Schema unterteilt Partizipation in die Dimensionen Information, Konsultation und Mitbestimmung.

Die Dimension des Informierens stellt die Vorstufe der Partizipation dar und ist eine wichtige Voraussetzung, um Beteiligung zu ermöglichen. Es gilt Informationen zum Verlauf sowie Ergebnisse des Projektes transparent zu machen (Lippa & Stock, 2022). Dazu wurden im Projekt der Iserlohner Werkstätten die Mitarbeitenden in unterschiedlichen analogen Formaten, zum Teil in Leichter

	DIMENSION	PARTIZIPATION AUS SICHT DER BETEILIGTEN AKTEUR:INNEN	PARTIZIPATION AUS SICHT DER BETEILIGTEN ENTSCHEIDER:INNEN
INFORMATIONEN	**Vorstufe und Vorbedingung für Partizipation**	■ Fehlende Informationen aktiv einfordern ■ Sich informieren	■ Informationen zu Beteiligungsmöglichkeiten, Beteiligungsgegenstand und (Zwischen-) Ergebnisse verständlich und aktuell bereitstellen
KONSULTATION	**Rechenschaft über die Berücksichtigung der Bedarfe, Ideen und Meinung**	■ Lebensweltexpertise einbringen ■ Bedarfe und Ideen einbringen ■ Stellung zu ausstehenden Entscheidungen und Planungen nehmen	■ Lebensweltexpertise einholen ■ Bedarfe und Ideen sammeln ■ Meinungen zu anstehenden Entscheidungen und Planungen einholen
KOOPERATION/ MITBETIMMUNG	**Abgestimmte gemeinsame Ergebnisse und Entscheidungen**	■ Handlungs- und Gestaltungsspielräume selbstverantwortlich nutzen ■ Ergebnisse (mit-) erarbeiten ■ Mitbestimmen	■ Handlungs-, Gestaltungs- und Entscheidungsspielräume öffnen ■ Mitbestimmung zu lassen

Abbildung 43: Partizipationsleitfaden (vgl. Lippa & Feichtenbeiner 2020).

Sprache, sowie über direkte Kommunikationswege frühestmöglich über das Vorhaben und den Projektverlauf informiert.

Auf der Stufe der Konsultation können beteiligte Akteur:innen ihre Bedarfe, Meinungen und Perspektiven einbringen. Entscheidungsträger:innen haben diese im weiteren Entscheidungsprozess angemessen zu berücksichtigen, sind jedoch zu keiner Übernahme der Ideen verpflichtet (Lippa & Stock, 2022). Bei der Umgestaltung des Arbeitsplatzes wurden Mitarbeitende und Fachkräfte daher miteingebunden, da sie die Expert:innen ihrer Lebenswelt sind und passend beraten können, was im Projektverlauf zu beachten gilt (Kremer & Hermann, 2020).

Darüber hinaus wurden Mitarbeitende, Fachkräfte und Führungskräfte im Zuge von Vorher-Nachher-Befragungen sowie in teilstrukturierten Interviews zu ihrer Meinung befragt, um ihre Reaktionen und Perspektiven in Erfahrung zu bringen. Diese Ergebnisse wurden in Kapitel 5 dargestellt.

Auf der Ebene der Kooperation wurden in allen Phasen des Projektes neben dem Projektteam, auch interessierte Fachkräfte sowie Mitarbeitende einbezogen. Interessierte Fachkräfte können bei der Programmierung und Konfiguration der Geräte an ihren jeweiligen Standorten mitwirken und haben die Möglichkeit, eigenverantwortlich die Nutzung der Geräte zu gestalten. Auch interessierten Mitarbeitenden werden teilweise Entscheidungskompetenzen übertragen. Sie werden in die Vorbereitungsphase des Montageprozesses einbezogen. Bei der Konfiguration eines Produktes zur Montage können sie mitbestimmen und mitgestalten, welche Hilfsmittel für die Montage gebraucht werden sowie bei deren Einstellung mitwirken.

Die partizipative Einbindung von Mitarbeitenden zur Gestaltung des Arbeitsplatzes wurde bei der Vor-Ort-Besichtigung am Beispiel von Paul verdeutlicht.

Mithilfe des Roboters Saywer ist es Pauls Aufgabe, gleichmäßig Kleber auf Bauteile zu platzieren. Über das technische Fachpersonal wurde Paul darüber informiert, wie der Roboter Saywer funktioniert und wie Bauteile mit Hilfe des 3D-Druckers individuell gedruckt werden können. Damit Paul seine Tätigkeit besser erfüllen kann, wurde der Greifarm mit dem Klebekompressor individuell an Paul angepasst. In seiner täglichen Zusammenarbeit mit dem Cobot bemerkte Paul nach einiger Zeit, dass das Kabel des Klebekompressors in der Luft hängt und ihn bei der Arbeit stört. Mit Unterstützung des Fachpersonals konstruierte Paul mit der Software ein Bauteil, welches im 3D-Drucker gedruckt und anschließend an den Roboter montiert wurde. Das Kabel ist nun fest am Roboter fixiert, um ein sicheres Arbeiten für Paul zu ermöglichen.

Langfristig besteht das Ziel einer autarken Gruppe von Mitarbeitenden, die eigenständig den 3D-Drucker für die Vorbereitungsphasen des Montageprozesses eines Produktes nutzen, um ihnen die vollständige Entscheidungsmacht zu übertragen. Demnach können sie als Expert:innen ihrer Lebenswelt benötigte Hilfsmittel für die Ausführung ihrer Tätigkeit in der Montage selbstbestimmt drucken. Sie werden befähigt, Probleme eigenständig zu lösen, die sie bei ihrer Arbeit selbst erkennen (Bosse & Pelka, 2020).

Voraussetzung für eine selbstbestimmte Teilnahme bei der Nutzung der Assistenzsysteme ist die Förderung anwendungsbezogener Kompetenzen der Menschen mit Behinderung und der Fachkräfte.

Dabei gilt es, individuelle Fähigkeiten der Menschen mit Behinderung und der Fachkräfte zu berücksichtigen und zu stärken (Lippa & Stock, 2022).

Eine Barriere für eine partizipative Integration der Mitarbeitenden in der Praxis stellt die Komplexität des Themas dar. Selbst das technische Fachpersonal muss sich im laufenden Projekt zunächst schrittweise einarbeiten (Kremer & Hermann, 2020). Auch die zeitlichen Ressourcen können ein Hindernis sein. Die Gestaltung von barrierefreien Formaten, wie die beschriebenen Tandems in der Vorher-Nachher-Befragung und den Vor-Ort-Gesprächen, können zusätzliche Kommunikationsschleifen erzeugen. Ein Erfolgsfaktor für eine gelingende Partizipation sind somit ausreichende Zeitressourcen (Lippa & Stock, 2022).

6.5 INKLUSIONSPOTENZIAL

Inklusion meint die strukturelle Einbeziehung von Individuen in bestimmte gesellschaftliche Zusammenhänge (Systeme, Organisationen, Gruppen etc.). Es ermöglicht den Zugang zentraler Bereiche des öffentlichen, kulturellen und wirtschaftlichen Lebens sowie den Aufbau von teilhabefördernden und den Abbau von teilhabehemmenden Strukturen (Lippa & Stock, 2022; Schnurr, 2018a; Schnurr, 2018b). Die digitalen Assistenzsysteme bieten neue Chancen für die Transformation von Systemstrukturen, die neue Möglichkeiten zur Teilhabe in der Arbeitswelt stärken (Bartelheimer et al., 2020).

Das Inklusionspotenzial des Werkerassistenzsystems kann als hoch eingestuft werden. Durch die eigenständige Ausführung der Montage unter Assistenz des Pick-by-Light Systems können diese selbstbestimmt arbeiten und sind unabhängig von Fachkräften.

Auch die Mensch-Roboter-Kollaboration fördert das Inklusionspotenzial, da der Unterstützungsgrad des Saywers individuell anpassbar ist. Durch einen höhenverstellbaren Tisch, individuell gestaltete Greifwerkzeuge oder angepasste Bewegungsabläufe des Greifarms, kann der Roboter flexibel an die einzelnen Bedürfnisse des Mitarbeitenden akkommodiert werden. Mitarbeitende, die mit dem Cobot Saywer zusammenarbeiten, erhalten einen individuell erstellten QR-Code. Mit dieser digitalen Signatur kann sich der:die Mitarbeitende am Mensch-Roboter-Arbeitsplatz anmelden und der Cobot passt die Höhe seines Greifarms entsprechend an den Mitarbeitenden an und reicht somit Bauteile passend an (Kremer & Hermann, 2020).

Sowohl der Einsatz von kollaborativen Robotern als auch von Werkerassistenzsystemen steigt auf dem ersten Arbeitsmarkt, sodass durch die Nutzung der digitalen Assistenzsysteme in den Iserlohner Werkstätten eine ähnliche Arbeitssituation wie auf dem ersten Arbeitsmarkt hergestellt wird.

Wurden die digitalen Assistenzsysteme konfiguriert und an die individuellen Unterstützungsbedarfe der Mitarbeitenden angepasst, spielt es keine Rolle, wo Menschen mit Behinderung ihre Tätigkeit ausüben. Langfristig können die konstruierten Montagehilfen als Vorbild für Unternehmen auf dem ersten Arbeitsmarkt dienen, um Menschen mit Behinderung einen bislang fehlenden Zugang zu ermöglichen und folglich die Inklusion gezielt fördern (Kremer & Hermann, 2020).

6.6 PROGRAMMIERUNG

Die zeitlichen und personellen Ressourcen zur Programmierung sowie technischen Betreuung der digitalen Assistenzsysteme bei der individuellen Anpassung an die Bedarfe der Mitarbeitenden bei neuen Produkten, stellten Innovationshemmer im Projekt dar.

Nach Lieferung der fünfzehn Assistenzsysteme wurde innerhalb kurzer Zeit deutlich, dass der Bedarf durch die bestehenden personellen Ressourcen für eine zügige Implementierung der Geräte in bestehende Arbeitsabläufe nicht vollumfänglich gedeckt war.

Insbesondere ergaben sich im Rahmen der Programmierung der Systeme zwei Barrieren. Diese werden im Folgenden erläutert.

BARRIERE 1: ZEITINTENSIVE ARBEITSVORBEREITUNGSPHASE FÜR DEN MONTAGEPROZESS

Bevor die digitalen Assistenzsysteme für den Montageprozess einsatzbereit sind, müssen für die Produktion Arbeitsvorbereitungen getroffen werden. Innerhalb dieser Arbeitsvorbereitungen werden Planungsvorbereitungen umgesetzt, Stücklistenverarbeitungen erstellt sowie Montage- und Prüfplanungen durchgeführt (Bayer, 2022). Die Produktion ist geprägt durch in kurzen Abständen wechselnde Arbeitsaufgaben, häufige Produktwechsel und eine hohe Anzahl von Produktvarianten (Bayer, 2022).

Neben der hohen Varianzvielfalt der Produkte müssen die digitalen Assistenzsysteme individuell an die Bedarfe jedes Mitarbeitenden angepasst werden.

Konkret bedeutet dies beispielsweise bei der Mensch-Roboter-Kollaboration, dass für eine „individualisierte Produktion" passende Greifarme mithilfe des 3D-Druckers hergestellt und für jede:n Mitarbeitende:n eine digitale Signatur erstellt wird. Somit kann auf spezifische Bedürfnisse der Mitarbeitenden eingegangen werden, um soziale Teilhabe und Selbstbestimmung im Alltag zu fördern.

Beim Werkerassistenzsystem muss jede Konfiguration aus dem 3D-Druck im Lab an das Werkerassistenzsystem vor Ort angepasst werden. So kann nicht jede gedruckte Voreinrichtung im Lab für die Montage eines Produktes für alle neun Werker-Assistenzsysteme gleichermaßen genutzt werden. Nach dem Druck muss die Voreinrichtung am jeweiligen Standort angepasst werden, z.B. an die vor Ort bestehenden Lichtverhältnisse, die Höhe des Tisches etc.

Aufgrund der variantenreichen Produktion sowie individuellen Anpassungen an Bedürfnisse von Mitarbeitenden ist die Arbeitsvorbereitung mit einem hohen Zeitaufwand verbunden, woraus ein hoher Kostenfaktor im Bereich der Arbeitsvorbereitung entsteht (Bayer, 2022; Kremer & Hermann, 2020).

Als bürokratische Barriere kommt hinzu, dass jeder Arbeitsplatz an einem Roboter eine gesonderte Sicherheitszertifizierung verlangt. Mag dies auch „nur" aus Haftungsgründen vorgeschrieben sein, so konterkariert dies den pragmatischen Einsatz der Systeme. Es muss allerdings an dieser Stelle darauf hingewiesen werden, dass die Ersteller:innen wohl diesbezüglich bereits im Austausch mit den Genehmigungsstellen stehen, um mittelfristig eine akzeptable Lösung zu erarbeiten.

BARRIERE 2: BENUTZER:INNENFREUNDLICHKEIT DER SYSTEME

Die Benutzer:innenfreundlichkeit von Systemen stellt einen wesentlichen Erfolgsfaktor für die Akzeptanz von digitalen Geräten dar sowie eine reibungslose Übernahme der Systeme in routinierte Arbeitsabläufe.

Die Benutzer:innenfreundlichkeit des Pick-by-Light Systems bei der Programmierung wurde in der Vorher-Nachher-Befragung von Fachkräften als komplex beschrieben. Die Bedienung des Systems wurde wenig „intuitiv" und eingängig erlebt. Vorerfahrung in der Programmierung sind von Vorteil.

Die Konfiguration der Produkte ist somit mit einem höheren zeitlichen Aufwand verbunden, insbesondere bei fehlender Routine.

Die Handhabbarkeit des kollaborativen Roboters wurde hingegen von Mitarbeiter:innen als einfach bewertet. Wie vom Anbieter versprochen, ist die Programmierung des Saywers in der Bedienung intuitiv gestaltet. Das Betriebssystem des Roboters ist leicht verständlich und es bedarf keiner Vorkenntnisse im Bereich der Programmierung. Ergänzend überzeugt der Cobot durch seinen vielseitigen Einsatzbereich.

Resultierend aus den Erfahrungen im Projektzeitraum von sechs Monaten wurde ersichtlich, dass die vorhandenen personellen Ressourcen nicht ausreichen. Die befristete Vollzeitstelle für die technische Betreuung der Systeme wurde daher nach Projektende als unbefristete Vollzeitstelle verlängert.

Darüber hinaus wurde eine Fachkraft pro Standort im Rahmen einer Fortbildung geschult, um die Programmierung der Geräte am jeweiligen Standort als Querschnittsaufgabe ergänzend zu unterstützen. Der Austausch zwischen den Fachkräften wird durch regelmäßige Workshops sichergestellt.

Das Projektteam empfiehlt bei der personellen Planung eine Vollzeitstelle für die Betreuung von drei digitalen Assistenzgeräten. Bei einer Verstetigung der Geräte können Stellenanteile reduziert oder die Betreuung weiterer Geräte übernommen werden. Darüber hinaus empfiehlt sich eine kontinuierliche, stufenweise Implementierung der Geräte in die vorhandenen Arbeitsabläufe. Ratsam ist, mit der Implementierung von ein bis zwei digitalen Assistenzsystemen zu starten und sobald erste Routinen etabliert sind, weitere Geräte hinzuzunehmen.

6.7 ASSISTIERTER MENSCH-ROBOTER ARBEITSPLATZ

Für die industrielle Montage ist insbesondere die Kombination aus dem Werkerassistenzsystem und dem kollaborativen Roboter vielversprechend. Durch die Kombination der Stärken beider Systeme werden hohe Synergien gebildet. Die sensorischen Fähigkeiten des Menschen werden unterstützt durch die Präzision oder Kraft eines Roboters (vgl. Schmitt et al., 2021).

Im Folgenden wird der gemeinsame Arbeitsprozess eines Werkerassistenzsystems und eines kollaborativen Roboters dargestellt (Schmitt et al., 2021):

1. Der Roboter holt die benötigten Werkteile für die Montage eines Produktes aus den Lagerbehältern, während der:die Mitarbeitende bspw. benötigte Schrauben für die Montage des Produktes vorbereitet. Unterstützend projiziert das Werkerassistenzsystem dabei zu beachtende Hinweise auf die Werkbank.
2. Das Werkerassistenzsystem überprüft die korrekte Position der Teile in der Vorrichtung mithilfe einer Kamera. Der:die Mitarbeitende bestätigt die Ausführung der Aufgabe.
3. Der Roboter fungiert als „dritte Hand" und hält das Werkteil fest, während der:die Mitarbeitende bspw. die Schrauben montiert. Anschließend führt das Werkerassistenzsystem eine Qualitätskontrolle durch, indem es mit der Kamera überprüft, ob bspw. alle Schrauben eingebaut sind.

Die Verknüpfung beider digitaler Assistenzsysteme fördert die Produktivität von komplexen Montageprozessen und reduziert Fehlerquellen durch die Kontrolle der Arbeitsschritte (Schmitt et al., 2021)

EMPFEHLUNGEN AN EINRICH- TUNGEN, DIE GLEICHE ODER ÄHNLICHE PROJEKTE PLANEN

07

Aus den Erfahrungen des durchgeführten Projekts wurden Handlungsempfehlungen zur Entwicklung, Planung und zum langfristigen Einsatz von Werkerassistenzsystemen und Mensch-Roboter-Kollaborationen für Menschen mit Behinderung erarbeitet. Folgende Empfehlungen richten sich an Werkstätten für Menschen mit Behinderungen und Inklusionsunternehmen sowie Unternehmen auf dem ersten Arbeitsmarkt.

7.1 EMPFEHLUNGEN FÜR WERKSTÄTTEN MIT BEHINDERUNG UND INKLUSIONSUNTERNEHMEN

(1) ZEITLICHE, PERSONELLE UND FACHLICHE RESSOURCEN

- Planen Sie ausreichend zeitliche und personelle Ressourcen für die technische Betreuung der Systeme ein, insbesondere für die Phase der Arbeitsvorbereitung, um eine zügige Implementierung der Geräte zu gewährleisten.
  Tipp: Eine Vollzeitstelle zur technischen Betreuung von zwei bis drei digitalen Assistenzsystemen.
- Starten Sie mit zwei bis drei digitalen Assistenzsystemen und steigern Sie die Anzahl der Geräte stufenweise, sobald erste Routinen etabliert sind.
- Überprüfen Sie, ob das technische Personal über benötigte fachliche Kenntnisse verfügt oder diese erst aufgebaut werden müssen.
- Achten Sie beim Anforderungsprofil des technischen Personals darauf, dass dieses neben technischen Kenntnissen auch über sozial-empathische Fähigkeiten verfügt, um ein erfolgreiches Zusammenspiel zwischen technischen und sozialen Aspekten bei der Einführung der digitalen Systeme zu ermöglichen.

(2) PARTIZIPATION UND SELBSTBESTIMMUNG

- Prüfen Sie, ob in allen Phasen des Projektes (Planung, Umsetzung und Auswertung) die verschiedenen Dimensionen der Partizipation von betroffenen Akteur:innengruppen sichergestellt sind:
- Alle Akteur:innengruppen werden frühzeitig (barrierearm) über den Projektverlauf informiert und Partizipationsmöglichkeiten werden benannt.
- Die Perspektive der Betroffenen als Expert:innen ihrer Lebenswelt wird beratend hinzugezogen, um Voraussetzungen, Anforderungen und Probleme von Betroffenen zu berücksichtigen.
- Es wird Raum für Mitentscheidung und Mitgestaltung während des Projektes gegeben.
- Stellen Sie eine Kommunikation auf Augenhöhe in dialogischen Strukturen zwischen dem technischen Personal und Mitarbeitenden sicher, um die Akzeptanz der digitalen Geräte zu fördern.
- Ermöglichen Sie Räume der Begegnung und des Ausprobierens mit den digitalen Assistenzsystemen für alle Akteur:innengruppen vor Einführung der Geräte in den Betriebsalltag, um Berührungsängste abzubauen.
- Überprüfen Sie, ob der Mensch mit Behinderung und dessen Bedürfnisse den Ausgangs- und Mittelpunkt aller Bemühungen bilden. Technische Hilfsmittel sollen Menschen mit Behinderung zu selbstbestimmter und chancengleicher Teilhabe am Arbeitsplatz befähigen.
- Überprüfen Sie individuell für jede:n einzelne:n Mitarbeitende:n, ob eine Zusammenarbeit mit einem digitalen Assistenzsystem sinnvoll ist bzw. welche Anpassungen bzw. Unterstützungsmaßnahmen notwendig sind, um eine Assistenz durch das digitale Gerät zu ermöglichen.

(3) ARBEITSORGANISATION

- Stellen Sie sich auf eine bevorstehende Neustrukturierung und Reorganisation der Produktionsabläufe ein.
- Lassen Sie sich von Partner:innen, wie der syndeum GmbH, herstellerneutral zu digitalen Assistenz-Lösungen beraten.
- Beachten Sie, dass sich der kollaborative Roboter insbesondere für langfristige Produktionsaufträge mit hohen Stückzahlen eignet.
  Das Werkerassistenzsystem eignet sich ebenfalls hervorragend für den Aus- und Weiterbildungsbereich.
- Bilden Sie Synergien durch die Kombination des Werkerassistenzsystems mit dem kollaborativen Roboter.

(4) BENUTZER:INNENFREUNDLICHKEIT DER DIGITALEN GERÄTE

- Stellen Sie sicher, dass der Mehrwert durch die digitalen Assistenzsysteme für alle Akteur:innengruppen klar ersichtlich ist. Je höher der Nutzwert für Mitarbeitende durch die digitalen Assistenzsysteme, desto größer ist die Akzeptanz (Kremer & Hermann, 2020).
- Achten Sie bei der Auswahl eines digitalen Assistenzsystems auf eine intuitive Benutzer:innenfreundlichkeit der digitalen Assistenzsysteme. Nur bei einer einfachen und unkomplizierten Bedienbarkeit des Gerätes wird diese von Nutzer:innen gerne in den Alltag integriert.

(5) VERNETZUNG MIT KOOPERATIONSPARTNER:INNEN

- Fördern Sie eine Mentalität des Voneinanderlernens und schaffen Sie Räume der Begegnung.
- Nutzen Sie Lern- und Vernetzungsformate, um in einer heterogenen Zusammensetzung von Akteur:innen Ideen zu entwickeln sowie Erfahrungen und Erkenntnisse zu teilen.
- Involvieren Sie externe Akteur:innen als Ideengeber:innen bei der Gestaltung.

(6) FÖRDERMITTELMANAGEMENT

- Dieser Abschnitt lässt sich kurz zusammenfassen:
  Wenn Sie keine Erfahrung haben, dann lassen Sie sich von Profis helfen. Bedenken Sie, dass Fördermittel in der Regel nicht gleichmäßig verteilt werden. Große Träger mit professionell aufgestellten Fördermittelabteilungen gewinnen überproportional oft den Wettbewerb um Fördermittel.
  Sie haben einen besseren Überblick über Fördermöglichkeiten, schreiben erfolgreichere Anträge, verstehen es die Mittel konform zu den Vorgaben der Fördermittelgeber:innen zu verwenden, können dies auch noch nach mehreren Jahren belegen und verstehen es grundsätzlich, eng mit Projektträger:innen zu kooperieren, welche die Fördermittel verwalten.
  Wenn Sie ein kleinerer oder mittlerer Träger sind und Ihnen entsprechende Kompetenzen in den eigenen Reihen fehlen, dann nutzen Sie externe Dienstleistungsangebote, um im Wettbewerb mit den großen Trägern zu bestehen.Entsprechende Angebote finden Sie entweder bei den Verbänden oder bei spezialisierten Unternehmen.

7.2 EMPFEHLUNGEN FÜR UNTERNEHMEN AUF DEM ERSTEN ARBEITSMARKT

Die hier vorgestellten digitalen Assistenzsysteme eröffnen für Unternehmen des ersten Arbeitsmarktes die Möglichkeit, Menschen mit Behinderungen vermehrt in den Produktionsprozess einzubinden. Das steigert selbstredend die Teilhabe von Menschen mit Behinderungen im Arbeitsleben. Zugleich eröffnet es in Zeiten, in denen Unternehmen händeringend nach Arbeitskräften suchen, den direkten Zugang zu einem meist hochmotivierten Segment von Arbeitnehmer:innen. Herausforderungen bei Fragen der Einrichtung und Programmierung der Geräte sind für Unternehmen des ersten Arbeitsmarktes meist leicht zu bewältigen. Dort liegen die Herausforderungen eher in den sogenannten „weichen" Faktoren, d.h. in der sozialen Kompetenz und der Interaktion mit Menschen mit Behinderungen. Über sogenannte Außenarbeitsplätze, bei denen Mitarbeitende aus Werkstätten für Menschen mit Behinderungen in externen Betrieben arbeiten, lassen sich entsprechende Kompetenzen aufbauen. Ziel sollte dabei allerdings immer eine langfristige Gleichstellung von Menschen mit Behinderungen sein.

- Trauen Sie sich Teilhabe möglich zu machen. Bieten Sie Menschen mit Behinderungen Arbeit- und Beschäftigung außerhalb der Werkstätten für behinderte Menschen an.
- Sprechen Sie Werkstätten für behinderte Menschen in Ihrer Region an und klären Sie, wie Sie in Ihrem eigenen Unternehmen durch digitale Assistenzsysteme Arbeitsplätze für Menschen mit Behinderungen einrichten können. Nutzen Sie ggf. auch professionelle Dienstleistungsunternehmen bei der Entwicklung entsprechender Angebote.
- Klären Sie, ob und in welchem Umfang Förderangebote Sie bei Ihrem Vorhaben wirtschaftlich entlasten können. Insbesondere die aktuellen Mittel aus dem Europäischen Sozialfond (ESF), die auf die Wiedereingliederung von Langzeitarbeitslosen ausgerichtet sind, eröffnen hier mitunter spannende Perspektiven.

LITERATURVERZEICHNIS

Apt, W.; Bovenschulte, M.; Priesack, K.; Weiß, E.; Hartmann, E. A. (2018): Einsatz von digitalen Assistenzsystemen im Betrieb. Forschungsbericht 502 im Auftrag des Bundesministeriums für Arbeit und Soziales.

Bartelheimer, P., Behrisch, B., Daßler, H., Dobslaw, G., Henke, J., & Schäfers, M. (2020): Teilhabe – eine Begriffsbestimmung. Wiesbaden: Springer VS.

Bayer, C. P. (2022): Methodik zur datenbasierten Unterstützung der Arbeitsvorbereitung beim Anlegen neuer Produktvarianten in digitalen Assistenzsystemen.

Bosse, I.; Pelka B. (2020): Selbstbestimmte und individualisierte Fertigung von Alltagshilfen per 3D-Druck für Menschen mit Behinderungen. In: Orthopädie Technik 71 (2), S. 42–48.

Engels, D. (2016): Chancen und Risiken der Digitalisierung der Arbeitswelt für die Beschäftigung von Menschen mit Behinderung. Bundesministerium für Arbeit und Soziales. Köln (Forschungsbericht 467).

Eurich, J.; Glatz-Schmallegger, M.; Parpan-Blaser, A. (Hg.) (2018): Gestaltung von Innovationen in Organisationen des Sozialwesens. Rahmenbedingungen, Konzepte und Praxisbezüge. Wiesbaden: Springer VS.

Fraunhofer IPA (2017): Assistenzsystem unterstützt den Produktionsprozess in Werkstätten für Menschen mit Behinderungen. Online verfügbar unter https://www.ipa.fraunhofer.de/de/presse/presseinformationen/assistenzsystem-unterstuetzt-den-produktionsprozess.html, zuletzt geprüft am 08.07.22.

Fröhlich, R.; Bentele, G.; Szyszka, P. (Hg.) (2015): Handbuch der Public Relations. Wissenschaftliche Grundlagen und berufliches Handeln. 3. Aufl. Wiesbaden: Springer VS.

Graßhoff, G.; Renker, A.; Schröer, W. (Hg.) (2018b): Soziale Arbeit. Eine elementare Einführung. Wiesbaden: Springer VS.

Haage, A.; Bosse, I. K.: Digitalisierung in der Behindertenhilfe. In: N. Kutscher, T. Ley, U. Seelmeyer, F. Siller und Tillmann, A., Zorn, I. (Hg.): Handbuch Soziale Arbeit und Digitalisierung, S. 529–539.

Kremer, D.; Hermann, S. (2020): Robotik für Menschen mit Behinderung. Bericht zur Online-Befragung und zum Praxis-Workshop des Projekts AQUIAS. Online verfügbar unter http://publica.fraunhofer.de/dokumente/N-603246.html.

Kutscher, N.; Ley, T.; Seelmeyer, U.; Siller, F.; Tillmann, A., Zorn, I. (Hg.): Handbuch Soziale Arbeit und Digitalisierung.

Legislative Observatory, European Parliament (2022): 2020/2086(INI). Implementation of Council Directive 2000/78/EC establishing a general framework for equal treatment in employment and occupation in light of the UNCRPD. Online verfügbar unter https://oeil.secure.europarl.europa.eu/oeil/popups/ficheprocedure.do?lang=en&reference=2020/2086(INI), zuletzt geprüft am 08.09.2022.

Lippa, B. (2022): Inklusive Arbeitswelt mit Künstlicher Intelligenz. Impulse aus der projektbegleitenden Arbeitsgruppe. Ergebnisbericht des Projekts KI.ASSIST: Bundesverband Deutscher Berufsförderungswerke e. V.

Lippa, B.; Feichtenbeiner, R. (2020): Leitfaden: Partizipation in Lern- und Experimentierräumen für KI-basierte Assistenzsysteme in der beruflichen Rehabilitation. Bundesverband Deutscher Berufsförderungswerke e.V.

Lippa, B.; Stock, J. (2022): Selbstbestimmte Teilhabe am Arbeitsleben durch KI-gestützte Assistenztechnologien? Überlegungen und Erfahrungen aus dem Projekt KI.ASSIST. Ergebnisbericht des Projekts KI.ASSIST.: Bundesverband Deutscher Berufsförderungswerke e. V.

Mast, C. (2015): Innovationskommunikation. In: R. Fröhlich, G. Bentele und P. Szyszka (Hg.): Handbuch der Public Relations. Wissenschaftliche Grundlagen und berufl iches Handeln. 3. Aufl. Wiesbaden: Springer VS, S. 965–976.

Otto, H.-U.; Thiersch, H.; Treptow, R.; Ziegler, H. (Hg.) (2018a): Handbuch Soziale Arbeit. Grundlagen der Sozialarbeit und Sozialpädagogik. 6. überarbeitete Auflage. München: Ernst Reinhardt.

Pelka B. (2017): Teilhabe MIT/Teilhabe IN digitalen Medien. Wie Soziale Arbeit digitale Medien zum Mittel und Ziel ihrer Unterstützung von Teilhabe machen kann. In: ajs Informationen 1, S. 28–29.

Posch, U. (2018): Kommunikation in Innovationsprozessen. In: J. Eurich, M. Glatz-Schmallegger und A. Parpan-Blaser (Hg.): Gestaltung von Innovationen in Organisationen des Sozialwesens. Rahmenbedingungen, Konzepte und Praxisbezüge. Wiesbaden: Springer VS, S. 323–344.

Richter, C. (2019): Chancen und Risiken durch Digitalisierung in Werkstätten für Menschen mit Behinderung. Sondierung in einer Werkstatt für Menschen mit Behinderung. In: Arbeit 28 (4), S. 363–379. DOI: 10.1515/arbeit-2019-0022.

Rusch, T.; Ender, H.; Kerber, F. (2020): Kollaborative Robotikanwendungen an Montagearbeitsplätzen. In: HMD Praxis der Wirtschaftsinformatik volume 57, S. 1227–1238. DOI: 10.1365/s40702-020-00677-w.

Schewe, G.; Nienaber, A.-M. (2009): Vertrauenskommunikation und Innovationsbarrieren - Theoretische Grundlagen. In: A. Zerfaß und K. M. Möslein (Hg.):

Kommunikation als Erfolgsfaktor im Innovationsmanagement. Strategien im Zeitalter der Open Innovation. Wiesbaden: GWV Fachverlage GmbH, S. 227–242.

Schmitt; J.; Hillenbrand, A.; Kranz, P.; Kaupp; T. (2021): Assisted Human-Robot-Interaction in Industrial Assembly: Application of Spatial Augmented Reality in Collaborative Assembly Tasks. In: Companion of the 2021 ACM/IEEE International Conference on Human-Robot Interaction (HRI'21 Companion), March 8-11, 2021, Boulder, CO, USA. ACM, New York, NY, USA.

Schnurr, S. (2018a): Partizipation. In: H.-U. Otto, H. Thiersch, R. Treptow und H. Ziegler (Hg.): Handbuch Soziale Arbeit. Grundlagen der Sozialarbeit und Sozialpädagogik. 6. überarbeitete Auflage. München: Ernst Reinhardt, S. 1126–1137.

Schnurr, S. (2018b): Partizipation. In: G. Graßhoff, A. Renker und W. Schröer (Hg.): Soziale Arbeit. Eine elementare Einführung. Wiesbaden: Springer VS, S. 631–648.

Statistisches Bundesamt (Destatis) (2021): Öffentliche Sozialleistungen. Lebenslagen der behinderten Menschen Ergebnis des Mikrozensus 2019. Online verfügbar unter https://www.destatis.de/DE/Themen/Gesellschaft-Umwelt/Gesundheit/Behinderte-Menschen/Publikationen/Downloads-Behinderte-Menschen/lebenslagen-behinderter-menschen-5122123199004.pdf?__blob=publicationFile, zuletzt geprüft am 15.07.22.

Statistisches Bundesamt (Destatis) (2021): Zahl der Woche Nr. 20 vom 18. Mai 2021. Wiesbaden. Online verfügbar unter https://www.destatis.de/DE/Presse/Pressemitteilungen/Zahl-der-Woche/2021/PD21_20_p002.html#:~:text=20%20vom%2018.,oder%20suchten%20nach%20einer%20T%C3%A4tigkeit., zuletzt geprüft am 15.07.22.

Straßburger, G.; Rieger, J. (Hg.) (2014): Partizipation kompakt. Für Studium, Praxis und Lehre sozialer Berufe. Weinheim und Basel: Beltz Juventa.

Straßburger, G.; Rieger, J. (2014): Partizipation kompakt –Komplexe Zusammenhänge auf den Punkt gebracht. In: G. Straßburger und J. Rieger (Hg.): Partizipation kompakt. Für Studium, Praxis und Lehre sozialer Berufe. Weinheim und Basel: Beltz Juventa, S. 230–240.

Zerfaß, A.; Möslein, K. M. (Hg.) (2009): Kommunikation als Erfolgsfaktor im Innovationsmanagement. Strategien im Zeitalter der Open Innovation. Wiesbaden: GWV Fachverlage GmbH.

ABBILDUNGSVERZEICHNIS

Bildnachweise

Abbildung 1: Iserlohner Werkstätten
Abbildungen 2 - 14: syndeum GmbH | André Ludwig
Abbildung 15: Ulixes
Abbildungen 16 – 25: syndeum GmbH | André Ludwig
Abildungen 23 und 24: Rethink
Abbildungen 31 – 41: syndeum | André Ludwig
Umschlag und Autorenbild: syndeum | André Ludwig

KURZPROFILE DER PROJEKTPARTNER

Die **Iserlohner Werkstätten** setzten die Einführung der digitalen Assistenzsysteme mit drei wesentlichen Partner:innen um. Einerseits den beiden Hersteller:innenunternehmen der Geräte Ulixes und Rethink Robotics und andererseits der syndeum als Beratungshaus, das die Einführung der Geräte begleitete und im Rahmen dieser Dokumentation und Evaluation einen Transfer der Projektergebnisse unterstützt.

Das Unternehmen **Ulixes** ist ein klassisches mittelständisches Unternehmen, das inhabergeführt zum Qualitätsführer in seinem Segment des Automation Ressource Planing (ARP) aufgestiegen ist. 1985 wurde das Unternehmen IMT (= Industrielle Montage Technik) für die Inbetriebnahme von Elektrotechnik und Elektronik gegründet. Das Unternehmen entwickelte sich zum Spezialisten für anspruchsvolle Steuerungen. 1997 wurde Ulixes als Marke der IMT eingeführt und 2009 als eigenständiges Unternehmen positioniert. 2015 wurde mit den Ulixes Assistenzen ein neuartiges Produkt entwickelt, das alle Komponenten für den assistierten Arbeitsplatz integriert und ausschließlich mit Apps des ARP gesteuert wird. Aufgrund der Innovationskraft des Ulixes-Unternehmens konnten die in Iserlohn eingeführten Werkerassistenzsysteme kurzfristig auch für Anwendungen aus dem Bereich der Berufsbildung ergänzt werden.

Der Assistenzroboter Sawyer wird von **Rethink Robotics** vertrieben. Die Rethink Robotics Inc. wurde 2008 in Boston, Massachusetts, mit dem Ziel gegründet, Hersteller:innen innovative Automatisierungslösungen anzubieten. Nach der Übernahme der Vermögenswerte durch die HAHN Group wurde sie im Jahr 2018 in die Rethink Robotics GmbH umgewandelt. 2020 eröffnete Rethink Robotics seinen neuen Firmensitz und Produktionsstandort in Bochum. Rethink Robotics hat eine Entwicklungsvereinbarung mit Siemens Technology Accelerator und Siemens Corporate Technology abgeschlossen, um auch zukünftig ein innovativer Hersteller von Robotertechnologien zu sein.

syndeum ist ein auf die Sozialwirtschaft spezialisiertes Unternehmen. Es bietet Beratung, Befragungen, Schulungen, Evaluationen und Führungskräftevermittlung an. In diesem Projekt hat syndeum die wissenschaftliche Begleitung der Veränderungsprozesse verantwortet und konzeptionelle Vorarbeit zur Projektfinanzierung geleistet.

ÜBER DEN AUTOR

Dr. Schmolze-Krahn ist Geschäftsführer der syndeum GmbH. Er ist Psychologe und promovierte an der London School of Economics. Seine berufliche Laufbahn begann bei der Unternehmensberatung McKinsey & Company und setzte sich im Innovationsbereich der Deutschen Telekom AG fort.
2016 gründete Dr. Schmolze-Krahn syndeum, ein auf die Sozialwirtschaft spezialisiertes Unternehmen, das Beratung, Umfragen, Schulungen, Evaluationen und Führungskräftevermittlung anbietet.

Sollten Sie Anregungen, Kommentare oder Fragen zum Thema haben, dann schicken Sie diese bitte an kontakt@syndeum.de. Unter der gleichen E-Mail-Adresse dürfen Sie uns auch gerne kontaktieren, wenn Sie Unterstützung bei einem Ihrer eigenen Projekte oder Vorhaben benötigen.